"智商税"

如何避免信息焦虑时代的智商陷阱

高德 著

IQ TAX

长江出版传媒　湖北科学技术出版社

图书在版编目（CIP）数据

"智商税"：如何避免信息焦虑时代的智商陷阱 /
高德著．—武汉：湖北科学技术出版社，2019.6
　　ISBN 978-7-5706-0682-5

Ⅰ．①智… Ⅱ．①高… Ⅲ．①思维形式—通俗读物
Ⅳ．① B804-49

中国版本图书馆 CIP 数据核字（2019）第 075932 号

"智商税"：如何避免信息焦虑时代的智商陷阱
"Zhishang Shui"：Ruhe Bimian Xinxi Jiaolü Shidai De Zhishang Xianjing

责任编辑：李　佳
封面设计：胡　博

出版发行：	湖北科学技术出版社
	www.hbstp.com.cn
地　　址：	武汉市雄楚大街 268 号湖北出版文化城 B 座 13-14 层
电　　话：	027-87679468
邮　　编：	430070
印　　刷：	河北鑫融翔印刷有限公司
邮　　编：	074000
印　　张：	15
字　　数：	148 千字
开　　本：	1/16
版　　次：	2019 年 6 月第 1 版
印　　次：	2019 年 6 月第 1 次印刷
定　　价：	49.80 元

序

1.你为自己的智商交了多少"税"

不知道从什么时候起,互联网上开始流行一句也许有些刻薄的话:"智商是个好东西,可惜你没有。"这句话应该反过来说:"人人都有智商,但每个人都在不同程度地缴纳'智商税'。"

什么是"智商税"?我举几个常见的事例:

事例一:人们经常看到一些电信诈骗的新闻,电视节目和网络媒体都在积极地揭露骗子的伎俩,提醒人们不要上当。有的人一边看一边笑:"这么低劣的骗术也有人信?"然而,当骗子以法院、银行或某警官的名义打电话给他时,他还是上当了。

事例二:有些旅行社经常打出"100元钱港澳5日游"的口号,当它用100元钱的超低价把你吸引过来时,就已经准备好用其他方式掏空你的钱包。享受了低价旅游,可能就必须接受强迫购物。

由以上事例可以看出,一旦面临利益问题,人的智商就无法正常发挥,经不起诱惑、无知、冲动等因素引发的打击。

2.并不高明但经常见效的洗脑术

很多年前,大部分网友都收到过一封名为"尼日利亚王子"的电子邮件:一位"尼日利亚政府的高官"要把巨额资金以"国家秘密"的形式转移到国外,需要借用你的银行账户。如果你愿意伸以援手,成功之后将得到这笔资金的10%,以此当作酬劳。

接下来的故事你已经预料到了,如果你答应合作,对方就会让你垫付手续费及打点各个环节所需的费用,不停地让你汇钱,直至你从发财的美梦中惊醒。

这是很低级的骗术,最近几年,又演化出了短信、电话、微信等多种对接形式和故事版本,比如谎称你的银行账户存在风险,让你把钱转到一个安全账户。但就是这样一种低级的诈骗方式,却诱使一批又一批的人出现头脑短路,成为近30年来最害人的一种骗局。

某地警方在破获了一起传销组织后,总结了传销者对受害者进行洗脑的步骤,称其为"7天洗脑术"。只需7天,一个人就会从最初的反感变成最后的痴迷,成为组织中的狂热分子和中坚力量。具体做法是,通过循序渐进的步骤,营造出"我们是一家人"的氛围,逐渐消除你的恐惧感,让你觉得待在这里不但是安全的,而且是有存在感的,让你找到生活和奋斗的"价值"。很多人听到最后,就自我说服,愉快地加入其中,开始了骗亲人、骗朋友的传销生涯。

基于此,本书围绕"智商税"的表现特征、波及范围和涉及人群展开讨论，这是一个心智层面的问题，我们必须加强重视。

什么时候，我们成了脑子一热就冲动的人？

什么时候，我们贪小便宜反受害？

什么时候，我们是没有主见的"跟屁虫"？

什么时候，我们努力地自我说服，从受害者变成了加害者？

一位心理学家说："当人处于两种极端环境中时最容易'被洗脑'。一种是处于极端封闭的环境中，所接收的信息受到了严格的限制和筛选，温水煮青蛙，慢慢就接受了'洗脑'；一种是处于极端开放的群体环境中，源源不断的海量信息会让人失去自己的主见，从而听从于某种权威声音，或跟从群体的脚步。"

但是不管怎样，所有的洗脑方式都有迹可循，征收"智商税"的一方会给我们开出一张"税表"，当你回头看时，总能发现自己犯下了哪一种错误。许多洗脑的骗局一点都不高明，但十分有效，它针对的正是我们心智运行机制的弱点。

3.构建心智防御机制

无数事实证明，在今天这个消费主义与信息大爆炸相互交融的时代，没有成熟的心智防御机制，我们就相当于一部暴露在外的"提款机"，没有密码，没有保护门，任人索求。但是，现实中的人们似乎都本能地相信，唯有自己掌握着真理的钥匙，自己做出的选择是"有道理"的，是毋庸置疑的。殊不知，人们总在不经意间按照别人画好的路线前进。

在提升心智方面，仅靠纯粹的理性并不能解决问题。大多数时刻，是感性决定了心智的判断，并影响了人们的行为。如果你问一个人为什么购买某种商品，他的回答通常是不准确的，也没有什么实际的意义。就像你询问女朋友为何愿意花6000元购买手机，宁可背负分期债务一样。从理性的角度思考，这是不可思议的行为，但它的确发生在我们的生活中。这意味着人们可能了解自己真正的行为动机，但不想吐露实情。不过在更多的情况下，人们确实又对自己的确切动机知之甚少，因此本书在心智层面的建议就具有了实用的价值。

我们的心智作为抵御外界洗脑的防御阵地，屏蔽和拒绝了许多迎面而来的虚假信息。基本上，心智只接收那些与先前知识或经验相符的东西，并识别那些具有明显漏洞的信息。但我们也会遇到一个严重的问题——现在每个人都处在产品爆炸、媒体爆炸、广告爆炸的超负荷接收状态中，大脑为了保护自己会开启防御机制，形成一道防御墙。这道防御墙可处理的信息是有限的，信息越多，人们的头脑就越困惑，以至于有垃圾信息穿进去，对我们的生活造成困扰。

随着移动互联网的飞速发展，先进的科技产生了越来越多的信息，我们接触到了更多的广告，认识了更多的商家，见到了更多的产品及新鲜事物，但我们的心智容量有限，不断递增的海量信息早已超出了它的限度。

科学表明，人只能接收有限的信息，不能无限地接收信息。如果超过了某一极限，大脑就会一片空白，失去正常的功能。特别是在辨识及决策等重要的功能上，一旦超过极限，大脑就会出现重大的错误，疲于应付。

选择太多，让人的决策力下降。商品社会与互联网结合，使太多的选择触手可及，应有尽有，让人们的决策力变得不再敏感。因为信息过多，人们不再在意新的东西，也厌倦了投入过多的时间权衡利弊。

选择太多，带来的是思考阻力，结果就是人们轻易地接受外界的信息，比如商家推荐和广告宣传，以逃避做出选择带来的压力。

选择太多，也拔高了人们的期望。当你被选择压垮，不再思考，同时也提高了你的期望值。人们盼望和要求出现更好的选项，延缓决策。但事实可能不尽如人意，最后人们又会为这个糟糕的选择而自责，伤害自己的心智。

在产品过剩和传播过度的社会中，我们唯一的防卫力量就是自己的心智。用心智来防身，可以帮助我们屏蔽那些伪装的信息与充满陷阱的逻辑，这是抵御洗脑的一种自我防卫机制。

本书的宗旨不是教你对这个世界关闭大门来完成自我保护，而是帮你从内到外地提升防御能力。本书除了揭露今天你会遇到的大部分虚假现象背后的原因，也会相应地告诉你破解方法，让你在第一时间为自己的心智搭起一道有效的防御墙，直击问题的根源，做出正确的决策，减少自己的损失。

目 录

Part 1　昂贵的免费

为什么说免费的其实是最贵的　　002
附加值效应是如何说服消费者的　　010
没有白占的便宜，你只是在交"贪婪税"　　014
价格营销的套路：免费，是为了"骗"你入场　　025
我们因太"聪明"而失掉了智慧　　031

Part 2　从众也会付出一定的代价

大家都在做的事就是对的吗　　036
在队伍的后面就一定安全吗　　046
庞氏骗局何以能够长盛不衰　　054
重新定义自我，跳出当下的环境　　062

Part 3 "励志大师"的灵丹妙药

快速成功法则为什么有市场 　　　　　070
心灵鸡汤式的说教为什么总能成功 　　076
破解"励志大师"的洗脑模式 　　　　080
无可置疑的真理就是你的药方吗 　　　089
别再幻想一夜暴富 　　　　　　　　　095

Part 4 你的意见为什么要从别人口里说出来

有些很普通的观点，为什么能感动你 　102
仰望权威 　　　　　　　　　　　　　105
权威认同产生的社会基础 　　　　　　111
重新解释"答布效应" 　　　　　　　118

Part 5　你以为自己在谈品位，其实是在缴"智商税"

想想看，我们的品位怎么形成的　　　　124

有一种洗脑叫唤起需求　　　　　　　　129

越是禁止的东西，人们可能就越想得到　132

放下面子，挤出水分　　　　　　　　　135

如果你不了解自己，就会被人牵着鼻子走　141

Part 6　无处不在的逻辑陷阱

为什么你总是被说服的那个人　　　　　150

伪装、分散注意力和欺骗　　　　　　　159

一个完整的金融骗局是什么样的　　　　165

心智模式，决定你在金字塔中的位置　　170

Part 7　信息时代，你有多久没好好想想了

为什么越弱智的诈骗手段，就越有人相信　　178

有人提醒仍然上当，是不幸还是活该　　183

每个人都有信息选择障碍　　186

发现关键信息，直达问题的本质　　192

Part 8　为智商装上防火墙：构建心智防御机制

5条最基本的反洗脑常识　　198

所有需要你付钱的东西，都问自己3个问题　　203

当有人对你投其所好时　　208

让自己变"笨"一些　　210

如果你不贪婪，99%的骗术都对你无效　　215

附录：让你不再缴纳"智商税"的忠告

Part 1

昂贵的免费

为什么说免费的其实是最贵的

马云在《赢在中国》节目中说过这样一句话："免费是世界上最昂贵的东西。"意思是当你接纳了免费的东西，反而可能会付出高昂的代价。

生活中，免费策略随处可见，人们大都习以为常，并欣然接受。

本书创作前3个月，一位身在北京的朋友告诉我一件事，他在做一次"社群测试"，问我想不想加入。那时我正为撰写此书准备资料，对过去十几年的工作中收集和接触过的案例进行分类，没有时间和精力参加调查活动。但是听了朋友对测试内容的介绍后，我发现正好是我们在本章需要了解的：免费真的是一种福利吗？

朋友出于一种测试目的，通过微信成立了两个社群：一个是免费的，另一个是付费的。两个社群举办的活动完全不同：免费社群纯粹是他的粉丝集中营；付费社群则是他的粉丝与行业专家的互动场。前者不用花一分钱；后者要缴纳入场费，视需求不同还要另外付费。

后者好像不受欢迎？

可经过测试发现，后者的活跃度是远远超过前者的。在免费社群中，由于交流的质量低，有效的信息少，人脉资源较为低劣，时间消耗严重，群员慢慢流失。一个可以免费加入的组织，反而让人们付出了更多，却一无所获。付费社群则是另一番景象，由于群员从不同的价格中各取所需，获取满意的收益，使这里成了一个生意火爆的交易平台，加入者越来越多，朋友最后不得不强制关闭，以结束其测试的使命。

○ 我们真正需要的不是免费，而是有价值

所有免费的东西，其实都标上了你看不到的价格。正像《商业的未来》一书中的定义：免费的东西一定与稀缺无缘。同时，一种充裕必然造成另一种匮乏。当免费大行其道时，价值随之减少了。价值可能是自主权、专业性、优质性，也可能是人们在消费时最渴望的时效性与准确性，甚至乐趣也会降低不少。

因此，免费其实是另一种价格的付费。

比如，有一个路人从你身边匆匆走过，掉下一个露着百元大钞的钱包，你会捡起来吗？某些私立医院的免费体检活动，你会参加吗？

你的回答可能是"会"。然后我们看到，这个路人只是一个诱饵，很快有人跳出来和你平分这个钱包，而你将损失钱财；这些私立医院免费体验的背后，是让你办理就诊卡，或者到他们推荐的诊室治疗，意味着你要花掉一大笔钱。

华盛顿州立大学的丹尼斯在女生面前非常自卑，一直没有女朋友，为此受尽嘲笑。恰在此时，校园内有一个音乐社团邀请他免费加入："你只要花300美元买一把吉他，我们就免费送你12节音乐课，两个月后你在女生面前就变成了另一个人，她们会主动向你投怀送抱。你要知道，现在的漂亮女孩都喜欢有音乐气质的男生。"

丹尼斯心动了，掏钱加入了音乐社团。两个月很快过去，他发现自己在女生心中的形象并没有多大改善。他还是那个一见到心仪女孩就张不开嘴的丹尼斯，与过去唯一的区别是，他现在是能弹一手好吉他但张不开嘴的丹尼斯。另外，他在音乐社团已经花掉了800美元，因为社团内部每周都有募捐——凡是会员必须捐助钱物，以维持社团运转。

在动人的宣传和他的目的之间，隔了一条鸿沟。丹尼斯为此闷闷不乐，却被舍友嘲笑："你没有一点音乐基础，需要付出非常大的精力才有可能具备音乐气质。但到那时候，你看上的女孩八成都被人追走了，因为她们的自我价值最高，追求者最多。在你埋头苦学音乐时，她们不会给你留下时间。如果你真想提高自己追求女孩的能力，就应该去报专业的课程，比如女性心理学。当然，你要支付一笔上千美元的费用，或许更多，但是物有所值。专业的人士会教你最简单有效的方法，避开很多误区，少走很多弯路，这是必须花钱购买的服务。"

这种事在国内也是一种常见的现象。小区门口、学校操场、写字楼旁边的街道，到处都有诱人的免费广告，或只花很小笔的钱就能参加的活动通知。可看起来免费的活动，让你付出的隐形成本是惊人的，而你又不能得到相匹配的回报。后续花了许多钱，可能也得不到你想要的收益。

人类本能地惧怕损失，因此喜欢一切免费的东西。这就让人们误以为规避了这一点：反正是免费的，没什么可以失去的。付费有风险，免费零风险。这是人们的潜意识判断，关注的焦点在成本上，却忽视了自己的主要目的——我真正需要的东西，免费能带给我吗？

○ 既然是免费的，就不会给你最好的

便宜的东西，除了"便宜一点"，其他任何优点我们都很难看见，也许还隐藏着无法预料的伤害。

你一定在某一天从别人嘴里听说过，从新闻上看到过。有的人贪图"便宜"，购买劣质产品，享受赠送服务，结果既没得到称心的服务，又搭进去了难以接受的成本。

在做出决定的那一刻，我们在想什么？

可能是免费的？我很喜欢！

也可能是好运？我很兴奋！

看，这是心智的本能反应。人们都喜欢不花钱的东西，也渴望天上掉馅饼。但既然这样，你一定得不到最好的服务，连想象中的基本服务也无缘享受。

有位女孩每到周末就去逛商场，她专去各大商场的化妆品柜台试妆，询问有没有赠送的样品——这些都是免费的。数月下来，她的梳妆台放满了各个名牌的香水、洗面奶、面膜及卸妆水的样品，没花一分钱。

她得意地对朋友说："价值几千元的东西，我免费用！"

人们很羡慕她。几个月过去，女孩才意识到问题——这么多不花钱的名牌化妆品，似乎并没有别人付费买来的"有效果"。样品没有预想中的作用，而且她每天都接到不同商家的推销电话，烦不胜烦。

我们走进商场，会有一堆免费的馈赠等着你。免费的茶，请你尝一尝；健身器材请你免费体验；新款的衣服请你免费试穿一周……

吃人的嘴软，拿人的手短，在接受馈赠之后，你还有底气继续讨价还价吗？没有。在免费之后，你将发现这不是一个物有所值的体验，因为跟在便宜后面的，可能是一个叫"套路"的东西。你在这个过程中既没有得到最好的物品和体验，又得掏出自己的钱包，因为商家准备让你付费了。

现在很多地方都有"免费"的学习或者培训"项目"，到处拉人头。我们很容易想到这样的项目一定有猫腻，但为什么还是有那么多人上当呢？因为这些"项目"的组织者赌的就是一点：大众的心智一定存在问题。

不是你，就是别人，总会有人吃亏上当。

社会上有很多"狡猾的狼"，它们的目标就是人的心智——或是因为你太单纯，或是因为你太热情，或是因为你太愚蠢。总之，在你心智的阵地上存在着一个明显的缺口，它们可破阵而入，大摇大摆地登堂入室。

所以，你要练就一双"火眼金睛"，从表面看到实质，才能在这瞬息万变的社会中保护自己的钱包，从而处事游刃有余，识破各种骗局。否则，必将被一些所谓"免费"和"便宜"的假象蒙蔽双眼，失去辨别真伪的能力，变成一只任人宰割的羔羊。

○ 享受了免费的服务，你可能会在别的地方付出更多

有些骗子醉翁之意不在酒，他们借着赠送免费服务或产品的名目，让人们登记个人信息：家庭住址、单位性质、电话号码等。他们把用户信息打包出售给第三方，从中牟利。这才是骗子想要的。

天下有免费的午餐吗？没有！你在这里享受了免费的服务，在其他地方一定会付出更多。"高明"的骗子正是摸透了人们贪图便宜、喜欢免费的心理，才有机可乘，总能得手。

现在流行追剧，好看的电视剧层出不穷，一部接着一部，让人应接

不暇，包括美剧和优秀的国产电视剧等。这些电视剧的版权分属于不同的视频网站，上映周期也不尽相同。最关键的是，你要想第一时间看到更新的剧集，就得充值成为网站的会员。

在调查中我发现，国内视频网站的会员费为平均每月15元，一个季度的会员费打折后是40元，刚好看完一部电视剧。有相当多的人认为，花40元看一部电视剧是很不值得的。但是他们既想看到最新的剧集，又不想成为网站的会员，于是就盯上了免费的资源，加入了找资源的大军。每当电视剧更新一集，便到各种下载平台拼命地寻找最新的资源，甚至在自己经常下载电视剧的平台上不停地刷新，目的就是想在第一时间看到资源的出现。

有位"免费主义"的推崇者说："不花钱就能看的东西，为什么要充值呢？我不上当。"

持这种心态的人不在少数。看电视剧一定要看免费的，听音乐也一定是下载免费资源，从不舍得支付一分钱。这好像已经成为一种"流行文化"，可结果未必是划算的。花40元买了会员的人在更新后用了一集时间就看完了这集电视剧，然后做其他重要的事情，读书、写笔记、回复工作邮件等，睡前时光是非常充实的。寻找免费资源的人却用了几个小时才看到一个不清晰或者无字幕的剧集。就这样，一晚上的时间全都浪费在了找资源这件事情上，等他看完电视剧，已经到了凌晨时分。

这就意味着，在整部剧播放的时间内，免费主义者在睡前都没有办法做太多有意义的事情。如果每天花2个小时寻找资源，一部50集的电视剧将浪费掉整整100个小时，也就是4天的时间。4天能拿来干什么呢？这些时间一定能完成很多重要的工作，其收获的东西绝不是40元能够衡量的。

　　分析完整个追剧的过程，你有没有冷汗直冒？免费的服务竟然隐藏着这么可怕的"陷阱"。为了免费，有时候我们付出了宝贵的时间，有时候则付出了一连串的附加消费。"贪图小便宜，一定吃大亏"，这句古话之所以能流传到现在，是因为它一直是正确的。

附加值效应是如何说服消费者的

我们花了同样的钱,"附加值"必然会带来高人一等的消费体验。一方面这是出于对性价比的关注,另一方面是人们喜好占便宜的心理决定的。如果一种消费有附加服务,大部分人都会觉得物超所值,很容易被说服。

○ 免费接送背后的商业模式

在一些旅游城市的飞机场,当你走下飞机时可以看到一个特别的景象:机场外停着上百辆休闲旅游车,写着"免费接送"。我们知道,每座城市的机场距离市区和景点都是比较远的,还要再搭乘另一种交通工具才能到达目的地,打车花费不菲,坐公交车则时间漫长。因此,"免费接送"对乘客来说具有强大的吸引力。

一方面是几十元、上百元的出租车费，另一方面是送你去这座城市任何一个地点的完全免费服务，你会如何选择？答案显然没有悬念，你会选后者。"免费接送"确实是一件好事，但背后的东西更值得关注，因为没有谁会傻到花这么一大笔钱服务旅客而没有任何收益。

在成都，某航空公司一次性从汽车厂商那里订购了150台高品质的商务车，将其作为旅客的航空服务班车，提高陆地上的航空服务水平。

为了做好这个服务，航空公司制定了完整的选车流程。要成为航空服务的班车，除了必须具备可靠的品质外，对车型的外观、动力、内饰、节能环保、操控性和舒适性等方面都有很高的要求，以满足高端客户的体验需求。

这是一笔很大的订单，该航空公司一方面提供了五折的机票，另一方面又为这些乘客提供免费接送服务，他们意欲何为？当然不是做慈善，因为这一举措为航空公司增加了上亿的利润，也为城市带来了数十亿元的旅游收入。

在你坐上这辆车的第一秒钟，免费背后极其高明的商业模式就开始运转了：

一是广告效应。汽车厂商用较低的价格把休闲商务车卖给航空公司，条件是：航空公司必须让司机在接送乘客的路上帮助车商做广告，在乘客的乘坐体验中引导乘客了解这部车子的优点和车商的服务。每一部商务车可以载7名乘客，以每天3趟计算，150台商务车带来的广告受众就达到了3150人，宣传效果非同一般。

二是司机的购车费和人头费。这么多车意味着多一个就业群体，可以想象一下在这座城市及周边有很多驾驶技术好但找不到工作的人，他们中间有部分人很想当一名出租车司机。但从事出租车行业要先缴一笔保证金，每月还要交纳租车费用，而且只有车子的使用权，没有车子的所有权。但航空公司的条件是，司机可以拿出一笔费用购买这些商务车，获得车子的所有权。乘客搭车是免费的，司机却有不菲的收入：每载一名乘客，就能从航空公司收入25元人民币。航空公司通过售车赚了上千万，司机获得了一条客源稳定的路线，他们是双赢的。

三是稳定的乘机客源。由于免费接送不是单向而是双向的，司机也负责从市区和景点将到机场乘机的人接过来，因此航空公司拥有了稳定的乘机客源。接下来，航空公司又推出了只要购买五折票价以上的机票，就能参与免费市区上门接送的活动。客观上将潜在的客源一网打尽，挖掘出了这个商业模式的最大价值。根据统计，机场因此每天多卖掉了一万张机票。搭免费车的乘客很高兴，航空公司更高兴。

四是城市的旅游收入。对城市来说，好处也是不言而喻的。一是缩短了乘客到市区、景点的时间；二是宣传了城市的软实力，吸引更多的游客来此观光。长此以往，城市的旅游收入便大幅增加。

○ 附加值的提供者收到了哪些回报

就像上面所说的，附加值的提供者收到的回报是免费服务的享受者无法想象的。"附加值效应"的商业手段在全世界都屡试不爽，不仅局限在旅游领域，许多科技公司也用这种手段让用户"心甘情愿"地掏钱。

苹果公司不仅创造了全世界最好的电子产品之一，还打造了世界上最大的软件平台，也就是苹果商店。上面有几万套软件可以下载，同时还售卖电脑和手机。而其软件中，没有哪一个软件是苹果自己花钱开发的。

它只是搭建了一个平台，让用户享受低廉和方便的服务。只要你购买苹果的产品，就能得到这种服务。这就是苹果的附加值模式，它找到第三方给自己支付成本，找到更多的人给自己创造利润，从中收到源源不断的回报。

从"附加值效应"中获益的另一个代表是肯德基。肯德基不仅24小时营业，而且不管你吃不吃东西，都能24小时待在里面，没人赶你，而且任何人都能使用它的卫生间。所以有人戏言：肯德基是流浪汉的天堂。去肯德基吃东西，"不受限制的时间"就是顾客得到的附加值。

肯德基的收益是什么呢？第一，人流量有了保证。即便你只是去看会儿书，难免也想喝杯咖啡；第二，赚得了一个好名声。有了这两点，即便顾客只是支付很少的一笔钱，也为它在其他方面创造了数倍的回报。

总结：凡有附加的免费服务，背后必有原因。

没有白占的便宜,你只是在交"贪婪税"

有一天,我居住的小区对面新开了一家知名饮品店,店门口人山人海,排起了长队。我问来接我的助理:"喝点东西而已,什么时候来不行,为什么现在这么多人呢?"

助理说:"这家店今天推出了免费活动。昨天在微信上发了一条广告,凡是来捧场的,不论男女老少,全都赠送一份饮品,在规定时间内来领就行。"

听到这里我明白了,这个世界上没有你白占的便宜,所有的免费产品,背后一定有着一种隐藏的盈利模式。于是,我和助理一起走过马路,想看看这家店的活动细则。果然,所谓的免费是有条件的:

第一,每个领到饮品的人都需要填写自己的个人信息,除了留下自己的住址和电话外,还要写上两个联系人的电话。

第二，要接受店员的拍照请求，和这家店的推荐饮品一起拍照留念，并且签署一份"同意把照片作为广告发布"的声明。

另外我仔细观察了一下，周围还有很多人照相，他们不像是来领免费饮品的顾客。询问了一下，才知道是被邀请过来的报社记者。人山人海的场景，确实是极佳的新闻素材。

你看，表面上是一场免费赠送饮品的活动，实际上是一场由不知情的顾客配合商家的广告宣传活动，并且留下了自己的详细信息——也"出卖"了自己的联系人。有的人可能觉得自己占到了便宜，因为免费得到了一瓶饮品。写上个人信息、拍个照没什么损失。但事实恰恰相反。

一瓶免费的饮品最多值20元钱，可你专程来排队的时间有多久呢？配合商家做广告、赠送自己隐私信息的"费用"，又是多少呢？具体数字很难评估，但能确定的是，价值远远超过了20元。

现在的商家很喜欢用"免费"二字吸引消费者。人们总觉得自己在占便宜，而且强烈地认为现在不占便宜，以后就没机会了。但他们不知道的是，在占便宜的背后，是你需要交上的"贪婪税"。在免费的背后，你付出了许多隐性的成本：

一是时间成本。为了得到免费的东西，人们争先恐后，为此付出很多的时间。这些时间本可以做一些更重要的事情。

二是隐私成本。商品和服务虽然不要求你支付金钱，但总会邀请你登记个人信息，至少包括姓名和电话。你可能觉得这没什么，但对商家来说，这是非常值钱的信息。他们可以对你进行后期营销，也可能会将你的隐私信息售卖给其他商家。

三是宣传成本。商家在发放免费产品或提供免费服务时，一定会要求你关注他，并有替他宣传的义务。你可能觉得是转发一下或者写几句评论，不费什么精力，但成百上千的人一起做这件事，营销的效果就出来了。这就使商家因此节省了大量的广告费用。

○ 当你的时间值钱时，才会发现免费的东西非常昂贵

罗伯特·西奥迪尼在《影响力》一书中写到了一种商业模式：商家通过赠送给你一样东西，以试吃、试用等形式来增加你对这种产品的认同感和内疚感，从而增加你购买东西的可能性。

注意，当你对一样东西产生认同和内疚时，就会形成一种"信任"心理。一旦有了"信任"，接下来你做什么都是正常的，可能不会再经过缜密的思考。

爱情产生的过程可以形象地解释这种心理现象。女孩对男生本来没什么好感，甚至十分讨厌，但当这名男生为她做了一件本来需要花费很大力气（很多金钱）才能办到的事情以后，女孩就可能产生一种认同和内疚感。尤其是后者，"内疚"会要求一个人做点什么来回馈对方。再比如，你走在路上，本来什么也不想要，可当别人强行送给你一朵花或者

一件礼物时，你有极大的概率因为内疚而答应对方后续的要求，比如办理会员卡、进行商品体验、添加商家的微信等。

因此，直到今天，我对于一切打着免费招牌的产品和服务依旧保持着高度警惕。我们的心智总是具有贪婪的特点，对免费的东西会不由自主地产生强烈的占有心，继而采取进一步的举动，掉进商家的圈套。但是，你以为自己占了便宜，其实要付出的时间成本更加值钱。

我的朋友兼公司合伙人多明戈有一次去旅游，让导游坑得晕头转向。导游带着他和一群游客在景点逛了一上午，大家又渴又饿，这时到了一家饭馆的门口。导游说："我们进去看看吧，里面的食物免费品尝，还能休息一下。其他的如果不喜欢，就可以不买。"

多明戈很高兴，他正好没吃早饭，进去吃一圈再出来，真是一件好事。可事实上呢？这些游客在里面待了40分钟，平均每个人买了数百元的零食和特产。

店里的确有免费试吃的食品，但吃完以后的情况就截然不同了，在店内人员的热情推荐下，多明戈不得不买了一堆自己不需要的东西。

"更重要的是耽误了我的时间。"多明戈说，"如果早知道有消费陷阱，我就不进去了。那一个小时有客户联系我，要谈一个项目的问题，而我竟然鬼迷心窍地让他等一等，想占完便宜再说。"

和宝贵的时间比起来，商家提供的免费服务简直不值一提。从那以后，多明戈在买东西前都会问自己一个问题："这个东西我到底需不需要？"如果没有紧迫的必需性，即便白送他也不要。

和免费相比，我们的时间价值体现在哪里？

想看免费的电视剧？你必须忍受片头 60 秒和中间随时插播的广告而又无事可干。

想让人免费帮忙？你必须付出人情和面子的代价，换来的仅仅是一些微不足道的价值。

想看免费的电影和书籍？你必须花更多时间去下载相关资源，会耽误其他重要的事情，而且极有可能找不到。

对于生活中的多数人而言，免费就是正义的代名词。即便付出时间代价，他们也觉得这是理所当然的。在心智层面，他们对于时间的宝贵缺乏足够的认知。

○ 便宜不是白占的，你要拱手送上自己的隐私

隐私的问题我们上面已经提到了。免费的代价可不只是花费时间，你还要拿一部分个人信息来交换。更加令人沮丧的是，你的个人信息可能会将你身边的人拉下水，让他们和你一起统统成为商家吃到嘴里的肥肉。

众所周知，免费的手机端应用会收集大量的用户信息，包括你的数据、在线浏览历史、联系人和日程表等。当你下载这些软件时，不断弹出的窗口提示你，它们要获取位置、通讯录等隐私性的权限。也就是说，

软件"踹门而入",看到并掌握了你一切信息——想让人知道和绝不想让人知道的全部秘密。

这些数据实时转发给了软件开发商,他们可能会直接将其分享给移动广告的发布商,广告商会根据这些数据为你量身定制针对性极强的广告。比如,告诉你附近都有哪些好吃的、好玩的。这些广告的推送甚至能精确到时间和地点,就像GPS定位一样把你牢牢锁定。这都是你拱手送上的,在你免费使用这些软件时,对方不费吹灰之力就拿到了价值千金的用户资料。

在广告商看来,海量的用户资料汇集起来便是一个天价的市场。人们的个人信息、地点和行为数据意味着一个庞大的消费模型。这些信息记录了你的行为习惯、消费嗜好,还附带拿走了你手机中的私人资料——照片、视频、短信和聊天记录等。

当广告商掌握了这些数据后,就能更有效率地给用户推送广告,做到精准营销。例如,在你走过超市时,手机上的购物软件可能立刻推送给你今日的购物优惠信息,欢迎你停下脚步进去逛逛。

假如你不小心怀孕了,他们的消息比你的丈夫和父母都灵通,因为你在怀疑自己是否有孕的第一时间就在手机上留下了"月经推迟7天,是否代表怀孕"的搜索记录。随后的几天内,你有极大的概率收到一些孕妇保健的广告。

因此,当你为了省钱选择免费的应用时(收费应用也存在这种情况），广告并非是唯一的附赠品，你还在自己的生活中安装了一个实时的移动监视器，像一双24小时始终观察着你的眼睛，使自己成为商家经济链条中的重要一环。

你，我，所有的人都有占便宜的冲动，指不定哪一刻就会做出一个"愚蠢"的决定，用自己的隐私换取暂时的并不值得大惊小怪的收益。我们的心智守卫者此时打了瞌睡，放过了入侵的"罪犯"，使我们的隐私宝库被"偷盗"一空。

○ 任何东西都有成本，没有免费的午餐

免费的午餐吃起来，一定身心愉快。这种感觉就像有人请客，上的全是美味佳肴，你不用花一分钱，但其中却暗藏"杀机"。

有一户人家的日子过得清苦无比。在一天夜里，老头做了一个梦，梦见一名白衣人来到他的家中，表示想报答老人，并且示意老人跟他前往一个地方。白衣人将老人带至一颗古树下，将一块巨石抬起，下面有一坛白银。老人大喜，之后梦醒，对此惊魂不定。天亮以后，老人独自出门，沿着梦中的路线找到那棵古树，果然见到树下有一块巨石。他将其移开，发现下面埋着一个坛子，揭开盖子后，吃惊地见到了白花花的银子。这可真是上天的恩赐！老人把坛子盖好，然后择日将银子用竹筐取回，藏于家中。从此，一家人的生活得到了改善，变得阔气起来。盖了大房子，也给儿子娶了漂亮的媳妇，邻居羡慕，传为佳话。但是好景不长，不久以后，老人的两个儿子学会了鬼混，不断挥霍钱财，把家财败光，又去偷东西，沦为了阶下囚。

这个故事的道理是很朴素的——我们要得到任何东西都必须付出相应的成本，这个世界上没有免费的午餐，没有人会平白无故地让你享受福利。可惜，人们在做出重要决定的时刻，往往意识不到这个道理，心智是一种"喝醉酒"的状态。

在经济学中有两个最基本的概念：一个是成本，一个是收益。没有投入成本，收益自然为零。但总有些人想当然地认为，如果投入为零，或者投入很少，收入能无限大该是一件多么美妙的事？可是，只要冷静地想一想，就会知道这是有问题的。

第一：你可以降低成本，但不可能让成本变为零。

经常去超市购物的人有一个经验，凡是满多少钱赠送什么礼物的活动，最好都不要参加。因为这个礼物的钱已经悄悄让你买单了。很少去超市的人则会"上当"，就像妻子对我的评价："你承担家庭采购任务的第一年，是超市最喜欢的顾客，因为凡是促销活动必参加。"在这方面，家庭主妇是精明的，她们在超市购物方面的心智，明显比男人更强，防御机制更加完善。

第二：所有的"免费"都是一个幌子，"免费"是高昂账单的开始。

有句话说："拿人家的手短，吃人家的嘴软。"有人莫名其妙地给你送礼，他一定想利用你办一些事。免费让你得到一些东西，但你必须在其后送来的高昂账单上签下自己的名字。

所以，千万不要因为贪图一点儿实惠而把自己置于进退两难的境地。对于不明来路的利益，最好还是避开，克制自己想占有的欲望。越是大利在前，越应该小心谨慎。一不留神，你就会上当受骗。为了避免掉进免费的陷阱，需要我们时时提高警惕，特别是在面对巨大诱惑的时候。

第三：白白提供给你的东西都充满危险，因为它们背后是精心设计的"骗局"。

一旦你收下了免费的午餐，以为占了便宜，走了好运，就得吞下由此带来的苦果，付出无法想象的代价，这就叫"吃不了兜着走"。你只要牢牢地记住一个信条——天上掉馅饼的同时，一定同时掉下一个陷阱。在糖衣之下，包裹着的很可能是一枚致命的毒药。

世上并没有白来的利益，那些真正有价值的东西，是需要你为之付账的。可偏偏有人相信好运的降临，一步步掉进别人挖好的陷阱里。

○ 因为贪婪，所以受骗

我们都知道一种叫作"捡钱"的骗局。江苏的一位先生讲述了他受骗的经历。

有一天，他走在繁华的马路上，突然看到路边不引人注目的角落里放着一个钱包。钱包的拉链半开，里面露出几张百元大钞。这位先生顿时就动了心，上前捡起来一看，里面有5000元钱。

"我要发财了！"

他很激动，正想把钱揣进兜里，旁边过来两个人，警告说："这不是你的钱，我们也都看见了，要想不让我们告发你，就得分给我们一半。这样吧，你先把这个钱包藏起来，别让人发现了。现在你口袋里有多少钱，随便给我们一些就行！"

这位先生心想，我口袋里只有几百块钱，堵住他们的嘴巴，这5000元钱可就全归我了。于是他毫不犹豫地把自己口袋里的钱全部掏给他们。等这两人走了以后，他缓过神来，越想越不对劲。

"为什么他们不要求分钱包里的钱，而是让我拿自己的钱？"

他重新把捡到的那些钱拿出来，仔细一看，发现全是假钞。这位先生后悔不已，急忙到派出所报警。他为自己的贪婪付出了代价。

不论是街头的骗子，还是精明的商家，他们充分利用了人性中贪图非分之财的弱点，这跟鸟儿和鱼儿被诱饵引上钩是相同的道理。只要你贪便宜，就有极大的概率上当。面对"免费骗局"，你必须克制贪欲，才能保护好自己的钱包。比如，凡是那些电话和网络通知中奖、手机短信告诉你有优惠活动或有奖金领取的信息，都应该提高警惕，一律无视。

你要这样想："这个世界上哪有这么美的事情，都让我一个人赶上了？"

记住，没有人能不付出任何努力就得到很大的好处。商家的营销活动和骗子的得手之道如出一辙，都是利用了人们的贪婪。因此，当遇到"免费午餐"的时候，一定要继续往前看看，冷静想一想，是不是有一个"等我买单"的圈套在后面等着？

○ 当你开始享受便宜时，已经交上了第一笔"贪婪税"

克制贪婪是提高心智防护能力的第一原则。贪婪之心无法消除，但可以通过针对性地训练来进行克制。虽然免费的圈套和陷阱千变万化，但万变不离其宗，都是利用了人贪图便宜的心理。所以，只要在冲动的第一时间压制住内心的贪婪，在做出决定前至少等待5分钟，就足以打消80%的占便宜的念头。这个方法也叫"5分钟法则"——碰到好事时，先冷静5分钟，让贪婪之心消退，就可以免交这笔"贪婪税"。

在强烈的诱惑面前，应提前计算有可能付出的巨大代价。见到不需要付出多大成本的利益，人人都想得到，而且认为得到的越多越好，这是人性决定的。看到别人赚钱，自己也想发财；看到别人享受了免费的服务和产品，自己也想加入其中，从中分一杯羹。这是正常的现象。不过，在这些诱惑面前，哪怕再冲动，你也要提前计算一下自己有可能为此付出的最大代价。要站在商家的角度想一想这是什么套路，然后再做出你的选择。

价格营销的套路：免费，是为了"骗"你入场

现在到处都是降价促销活动，满大街贴满了清仓或打折出售的广告。走到店门口时，促销人员热情打招呼，送些小礼物，邀请你进去看看。无一例外，这时的商品都是打折的。不但打折销售，还有免费的附加产品。比如：买二送一，甚至买一送一。即便不买，也会送你东西。这是促销人员的亲口承诺，为的就是"骗"你入场。

占便宜是人的天性，也是人心智中的脆弱之处。因为这个世界上总有人想不劳而获，白捡东西，这是我们最喜欢的事情。于是，这就成了价格营销的逻辑基础，精明的商家制造出了免费商品和打折活动，以低价吸引喜欢不花钱就能"买"到东西的消费者。

但是，你只要理性地低头想想就能明白，所有免费的商品都是一种"吊钩"。免费只是一个香甜的鱼饵，谁咬钩，谁就会成为商家案上的鱼

肉。一时心动进了场，你的钱包就已经主动打开了。

○ 被自己卖掉的游戏

有一句商业名言说："如果在一项商业活动中，你不知道被谁卖了，那就是被你自己卖了。"

有一次我陪家人去商场，某手机店在搞一种扔飞镖的活动。家人看着挺好玩，参与进去，扔中之后得了一个"免费贴膜"的奖励——免费给手机贴膜。家人很高兴，稀里糊涂地把手机递了过去。最后，又付钱买了一个手机套和两张膜。

为什么？因为店员说："您看，现在价格很便宜，这个活动一年只举办两次，跟白送一样，您看看有什么想买的吧。"这时手机膜已经贴上了，基于人之常情，你再取下来实在不好意思，于是乖乖买单，花了一百多元。

和免费贴膜类似的，是给你做免费的皮肤检测。通常是由化妆品商家举办的，女孩子一听，不花钱就能知道自己的皮肤情况，这是多好的事！十有八九就停下脚步，让商家检测一下。结果做完皮肤测试以后，商家会说你的皮肤有各种小问题，提出一长串的建议。女孩子就会关心如何解决，什么样的产品可以让自己的皮肤变得更美。这样一来，商家的目的就达到了，他们的产品就在旁边摆着呢，此时一定迅速拿出来，用降价促销的诱惑让顾客购买。

这里面的商业逻辑很简单：通过免费或低价吸引更多的潜在客户，用免费来带动更多的消费。对普通人来说，识破此中的逻辑并不困难，难的是战胜内心的冲动。如果你不能抵制最初的冲动，就等于开启了消费之门，购物的同时，也将自己摆上了货台。

1976年，获得诺贝尔经济学奖的著名经济学家米尔顿·弗里德曼说："面对降价诱惑，你需要谨慎一点，世上没有这么多好事。"

打折的东西都很受欢迎，不管到哪儿你都会看到，人们在打折促销的地方排起长队。这就是为什么当宜家喊出"90天免费试用期"时，它的床垫销售那么火爆；超市各式各样的免费试吃食品和降价产品也广受欢迎。

所有商品，只要其价格之低超出了人们的心理预估，其背后就可能是一场吸引顾客走上售卖台的游戏。

这几年，价格营销策略最纯熟的当属网上店铺，通过不定时的降价和打折活动，锁定了购物群体中喜欢免费、有便宜必占的消费者，黏住了大量的用户。在降价的同时（许多产品的降价幅度可以达到7成），又用适当的免费赠送带动产品的销售，让一件件本来不是特别需要的东西通过快递送到了消费者的手中。

有位经常在网上购物的女孩说："我每次遇见打折都有购买的冲动，等买了之后才后悔，因为这时才发现它并不是我想要的。可是，我为什么戒不掉购买的冲动呢？真想把手剁了。"

放心，她永远不会剁掉自己的手，就像她永远戒不掉疯狂购买打折服装的习惯。

○ 免费只是一张持续消费的入场券

韩国三星集团创始人李秉喆是一个营销奇才，他也是深谙人心、懂得大众心智弱点的企业家。小时候，他的家境不好，为了生计，只好卖报纸挣钱。那时找一份卖报的工作也是很难的，想干好更不容易，但他却得心应手。

报亭的老板问他："你一天要跟我订多少份报纸？"

他问："别的孩子能卖多少？"

老板说："这可没法说，少的卖几十份，多的能卖几百份，但拿得太多剩在手里，是要赔钱的。"

他想了想说："我要100份！"

第二天早晨，老板见到他时，李秉喆是空着手的，因为他全卖光了。这一次，他要200份。到了第三天，他又空着手来了，张口就要300份。

报亭老板极为惊讶，决定跟着他，看看他是怎么卖报的。李秉喆到了车站后，没像别的孩子那样四处叫卖，而是不停地往候车的乘客手中塞报纸，等到一个区域的乘客发完了，他才走回来收钱，然后再到另一个地方重演一遍。

你可能感到疑惑："一句话不说就将报纸塞给别人，他这么有信心让对方付钱吗？"是的，他有信心，因为人们不好意思坑一个小孩的卖报钱。这么小的年龄，李秉喆已经懂得如何抓住人们的心理弱点。在接到报纸的一瞬间，你以为是免费的？如果这么想，你就上当了。

总的来说，任何形式上的免费，都是由相应的收入和支出来平衡的。表面看来，你当时免费得到了一些东西，享受到了价格的好处，但你一定会在其他的方面把钱"吐"出来，商家是不会做赔本买卖的。免费只是一个表象，它是付费的开端。

例如，我们去酒吧消费，花生米是随便吃的，不用花一分钱，但一瓶水至少卖到5块钱，远高于市场价格。你可能会说，花生米的市场成本高于水，酒吧不是赔了吗？事实恰恰相反，花生米的作用是为了刺激酒水的销售。免费供应的东西，拉动了付费产品或服务的销售。吃掉一盘花生米，你可能要消费两瓶水或一瓶酒。这时再算算账，酒吧是赔了还是赚了呢？

在价格的计算上，你永远算计不过商家，他们总有一种办法让你留下足够的钞票。"欲取先予"不仅是一种人生态度，还是用来征服消费者的商业策略。如果你不对此保持清醒的认知，就会在付了一大笔钱后，还觉得自己占了大便宜。

○ 你的核心诉求是什么

为了不在降价促销或免费试用的活动中成为可怜的小白鼠，唯一的办法就是时刻明白自己的核心诉求。

第一：我真的需要这件东西吗？

第二：我最需要的是什么？

人的心智就是这么有趣，许多糊涂的决定源于你不知道自己到底需要什么，甚至还不如商家了解你——他们简直洞察了你的一切需求。

明白了自己的核心诉求，你才有清晰的判断力，抵抗商家的营销策略对你的心智入侵，避免一时冲动。

我们因太"聪明"而失掉了智慧

我有一个朋友,毕业于哥伦比亚大学,精通商业管理,是典型的生意人,他开了一家公司,不到三年就赚了两千万。对创业者来说,称得上是奇迹,因为99%的创业者在第三年就支撑不下去了。

可就是这样的商界精英,也有被普通商家忽悠的时候。在他居住的城市,有一年开了一家海洋馆,门票200元一张。这个价格并不便宜,令那些想去参观的人望而却步。朋友也嫌贵,压根不想去。这家海洋馆开馆一年,门可罗雀,没什么人去。

到了第二年夏天,这家海洋馆突然打出了一个广告:"儿童参观一律免费。"朋友知道后立刻带着自己的两个孩子去了,痛快地玩了一天。后来他告诉我:"我买完票,走进大门的时候就后悔了,因为我意识到这是商家的营销策略。孩子是免费的,但成人票价涨到了300元一张。"

他去参观的那一天，游客处于爆满的状态，其中有三分之一的儿童，三分之二的成人。海洋馆赚了个盆盈钵满。这个商业精英在这一天做了一件糊涂事。

○ 太"聪明"容易变傻

读书多和学历高的人在潜意识中可能会有一种认知层面的优越感，觉得自己智商高。我平时最喜欢做的一件事，就是研究数字和统计数字。走在路上，我数过从公司的大楼到对面的研究机构有多少步；我关注过许多公司的产品发布会，对比同类产品的价格；我也计算过世界各国在奥运会上拿到的金牌数量，并自以为是地分析金牌背后的思维模式；我甚至了解过小麦、玉米、水稻在全球的产量和分布。

这是不是有一点过分呢？"聪明人"的关注点是如此之多，从免费和收费渠道不停地挖掘信息，分析数据，建立数据模型。但是，这么做并没有产生任何价值，反而浪费了很多宝贵的时间去思考关键的事情。当我们变得不够专注时，就容易失去犀利的洞察力，以至于心智的防线出现缺口，问题便乘虚而入。

最讽刺的是，我们又常常以"过来人"的身份告诉别人："你要保持专注！"

从海洋馆回来后，朋友又讲了另一个故事。他和妻子去夏威夷旅行，购物时看到一群人围在一个商店前，人们争相往前挪动，希望有一个好位置。他和妻子不由自主地走了过去，因为当时脑海中的念头是：

"既然大家争先恐后，一定有什么好事发生。"

然而，朋友最后发现，那不过是又一场打着免费旗号的商品营销。更奇妙的是，他和妻子竟然又上当了，挤进去花掉了220美元，买了几件根本用不着的东西，尽管付钱的一瞬间觉得物超所值。

我这位朋友和他的妻子都是聪明人，也都有很高的学历，可与普通人一样，在这些重要的时刻都会变成"傻瓜"。

○ 作为聪明人，你为什么总是犯错

在伪装好的免费陷阱前，聪明人和其他人没什么区别，自以为对一件事物做出了精明的分析，往往什么都没有得到。

这是为什么呢？

1.越是聪明的人有时越喜欢占便宜

越是聪明的人，对于占便宜的敏感度越高。人们传统印象中的聪明人总是能在一些事情上占到便宜，懂得精打细算，至少比起其他人来说是这样的。

因为是免费的，聪明人觉得多看看无所谓，随后花一点钱也可以接受；因为是降价促销，聪明人觉得能买到更多划算的商品，愿意进去逛一逛。在占便宜这方面，聪明人比普通人跑得更快，知识越多的人越能及时发现这种"机会"。

2.聪明人更相信自己的本能判断，犯错的概率反而更大

由于聪明人读书多，知识渊博，见多识广，所以当他做出一个判断时，行动起来会更坚决。"我的想法一定是对的"，因此不容易被别人说服。但那些平时头脑没那么快的人就是另一码事——他们对自己的主张总是充满怀疑："我这样做可以吗？"进而，他们觉得这里面可能是有问题的。

这就是为什么聪明人也很容易犯错。过于自信，是一个人的心智易被麻痹的根源之一。正因此，我们才失掉了应有的智慧。

Part 2

从众也会付出一定的代价

大家都在做的事就是对的吗

有一种现象是值得我们警惕的,而且一定要慎重对待。

别人都说好看的剧,你就觉得一定好看;

别人都说正确的事情,你就觉得一定正确;

别人都去买的衣服,你就觉得一定是流行;

别人都说对的观点,你也跟着点头称赞。

假如上述行为都发生在了你的身上,很不幸,你的大脑已经具备了一种顽固的自我麻痹的低智思维模式,这就是我在本章中要讲的:处于羊群里面的一只"快乐的猪"。你已经很难在每一时刻都做出尽可能客观的判断,更不用说在第一时间用正确的、个性化的思想表达出来,你已经逐渐演化为一个没有独立思考的人。

为了面子,此时也许你会狡辩:"不,我其实有自己的想法,但我不想得罪他们，所以就随大流了。"听着很有道理，但实际上如果你长期如此，就会像《乌合之众》中预测的公众的思考特点与行为习惯那样，进入真正的麻痹状态。

到这时，你会百分百地肯定周围人的看法，心智处于拒绝思考的关机模式，不再相信内心深处那个无比清晰的答案。你的思考和行为都将遵循唯一的标准：别人是怎么做的？

这就是我们大脑的思考规律，没有人可以战胜长期的思维习惯。就"守卫心智"这一话题来说，战胜从众的思维习惯是极为关键的。从消费到情感，从投资到事业，人们有80%的决策都源于从众的动机，因为别人这么做了，所以你也倾向于这么做。

现在我再问你一句：大家都在做的事情就一定是对的吗？

○ 心智的从众模式

英国作家毛姆说："就算有5000万人声称某件蠢事是对的，这件蠢事也不会因此成为聪明之举。"尽管事实如此，但作为个体，在社会群体的无形压力下，我们总是不知不觉地与大多数人保持高度的一致，采取随大流的做法，这就是所谓的"从众心理"。这时，人们的心智维持在一个平均指数上，被周围的意见、习俗和旁人的指指点点所左右，不由自主地做出大家共同认可的选择。

一般情况下，多数人的看法往往是对的。比如流传几千年的道德观：孝敬父母、友爱兄弟、抚养孩子等。但是盲目的从众心理，则让你在另一些随机事件上缺乏分析：

第一，你可能不再独立思考，对事情采取一刀切的标准；

第二，你变得毫无主见，缺乏个性化的判断力；

第三，你在多数事情上墨守成规，从不主动创新，除非有人这么干；

第四，你对新生事物缺少洞察能力，容易上当受骗。

所以，是时候拿出勇气怀疑了。打破从众的心智模式，就要拥有怀疑精神。一件事情即便有千万人跟着去做，形成一种流行的风潮，也不见得这必须是你个人的选择。在该怀疑的时候，就要坚决丢掉从众心理。

每个人都是生活在群体中的个体，都有自己的个性和独特的需求，看世界的视角与对生活的诉求总有区别。但很多时候，人们不得不屈服于群体，融入所生活的环境。

我们的思想与周边的人建立了连线，互相传递信息，彼此影响，构成了每个人心智模式的基础。

例如，由于担心自己不够时尚，担心不被别人接受和喜欢，你会自觉地遵守大家都认可的行事规则，追求众人也在跟随的事物。在这个过程中，你的心智就向"偷盗智商"的人敞开了大门。

○ 偷懒的动机

因为想偷懒，所以把判断权交给大家。这是一种常见的从众原因。

比如在大学生活中，从众现象出现在我们的学习、消费及一切行为的决策层面。看到同学们从网上摘抄作业，你也产生了偷懒的念头；看到同学们放弃了考研，找单位实习，你也产生了就此毕业参加工作的冲动，因为考研是一件很累的事情；看到同学们都在计划支持某个人，选他当社团的领导者，你也准备改变现有的想法，因为你觉得跟他们解释自己的理由实在太麻烦了。

我的行政助理告诉我一件事：

她是一个天天在公司加班到很晚的人，夜里11点左右才会离开公司。开始的几个月，她喜欢一个人去附近的地铁站，坐地铁回家。按她的话说，这是一段"孤寂但自由"的旅程，独自走过300米的小巷，迈上不远处的大道，再步行几十米进入地铁站，她很享受这样的回家之路。

但是后来情况发生了变化。"我发现有许多员工和我一样加班到深夜，他们是怎么离开公司的呢？原来他们一起叫了专车，这样就不用考虑下班时如何回家了。"于是，她也选择了这种做法，加入到了他们的阵营中。

从心理学的角度来讲，这就是一种从众现象。叫专车提高了出行成本，但由于不用自己操心，人们反而觉得是划算的。

"从众现象"无处不在，一如看见别人购买打折商品自己也会跟随一样。人们总因为害怕与他人格格不入而开始屈服于群体的选择，像群体那样思考和行动。但实际上，我们没必要这么做——保持冷静和判断力，突显自己的独特性，就能在心智层面傲然于众人。

关键在于，你不能让自己的大脑偷懒。

○ 正确的选择

从众心理对于选择的影响是巨大的。

心理学家阿希关于线条判断的"从众实验"是这个领域内最为著名的一次测试。典型的实验材料是18套卡片，每套2张，一张画有标准线段，另一张画有比较线条。

阿希在校园中招聘志愿者，号称这是一个关于视觉感知的心理实验。实验在一间房间内举行，形式非常简单，就是给被试者呈现两张纸，一张纸上印着一条线段，被试者需要在另一张印有几条线段的纸上找出与刚才那条长度相同的线段。实验需要测试多组不同的被试者，7~9人一组，每组人要做18次测试。

当志愿者来到实验房间时会发现，屋子里的7个座位已经坐了6个人，只有最后一把椅子空着。你会以为别人都来得比你早，但是你肯定没想到那6个人的身份——他们其实都是阿希的助手，来当托儿的。接着好戏就上演了，在回答问题的过程中，被试者们是按座位顺序一个接一个回答问题的,这样每次志愿者总是最后一个回答。在18次测试中,实验助手有12次故意出错,当然他们是一起给出了相同的错误答案。

结果,这组测试的正确率为63.2%,而没有干扰单独测试的对照组正确率是99%。而且,75%的人至少有一次从众行为,也就是选择了跟助手们相同的错误答案。有5%的人甚至从头到尾跟随着大部队一错到底。只有25%的人可以一直坚持自己的观点,同时也是正确的观点。

在实验结束后,阿希做出了自己的总结——人们是否做出从众的决定,和人群的数量有关。一个人试图影响你时和一百个人想说服你的效果是完全不同的,对于一个人的异议我们总能嗤之以鼻,不为所动,但当身边80%以上的人都是另一种观点时,我们便可能毫不犹豫地遵从他们的想法。

阿希后来又进一步改进了这个实验。他分别将志愿者从一名到多名实验助手组成小组。在只有志愿者和实验助手组成的两人小组进行测试时,当助手故意回答错误时,志愿者的最终成绩几乎和单独回答时一样好;但是当助手增加到了2人时,志愿者的错误率上升到了13.6%;当助手增加到3人时,志愿者的错误率就到了31.8%。这时,再继续增加助手数量时对于志愿者的错误率已经没有什么显著改变了。

在我们的生活当中,从众心理遍布于每一种领域,它可以体现在任何一件事情上。买股票、衣服或找什么样的工作、对象,人们都有从众的一面,做出大家认可但对自己未必适合的选择。这些选择符合了众人的意愿，遵从了"公序良俗"和大多数人的价值观，却对我们自己的生活造成了一定的困扰。

因此，我们应在从众和自我中做出正确的选择，走好自己人生的每一步路。什么是正确的选择？最重要的标准就是"是否对自己有价值"。

1. 在不知真假时，不要做出草率的决定

你有没有发现，今天在朋友圈可以疯传的文章大多都是真假难辨的。比如下述这些文章：《这些东西致癌，赶紧发给大家》《快转发，xxx内幕消息》《这些东西快别给孩子吃了》……人们看到以后就会点赞和转发，自己深信不疑，还会发给亲戚朋友，成为免费传播大军的一员，让始作俑者笑开了花。

这些信息的问题是什么？核心关键词就是"分享"。如果不是这么草率，你把那些文章拉到最下面，多数会看到一些广告链接。这正是广告商利用人们的心智弱点要达到的目的——越是耸人听闻的事情，人们就越容易相信、关注和传播。

现在，我们生活在一个信息爆炸的时代，但是我们也处在一个信息真假难辨的时代。随着智能手机的普及和进化，各类社交软件越来越流行，使人们浏览信息并且发表自己看法的渠道也越来越多。庞杂的信息同时又更新很快，这就造成了一种尴尬的局面：

一方面我们获得信息的速度变快了，另一方面给予我们做决定的思考时间变少了。

思考的时间并不充裕。于是，很多事情在你不知真假时就让你草率地做出了错误的决定，偏离了正确的方向。这就是越来越多的谣言、伪科学、假新闻出现在我们的生活中人们却深信不疑的原因。人们即便内心有所质疑，也会先观察一下别人是怎么看的。其他人怎么做，已经成为一个通行的社会标准。

要做出正确的选择，就不能在关键时刻匆忙做决定，而要争取尽可能多的思考与分析时间。

2.在需要参考别人的选择时，标准应该是客观性而不是安全感

因为现代社会的信息过多，呈现爆发式和多元化的特点，再加上时间和精力有限，这就使得人们在做决定时倾向于"参考"别人的选择。他们会怎么做？成了每个人做决定的重要标准。更重要的是，跟从集体的选择让人们有足够的安全感。

青岛的一位女孩说："我本来不想考公务员，想自己开一家设计公司，可一看身边的亲朋好友、大学同学纷纷报考公务员，于是我也这样做了。"当我问她是否后悔时，她的回答是，"应该不会后悔，毕竟公务员还是比较稳定的，我想这是一种趋势吧。"

你看，众人的选择带给她强大的安全感，使她认为这是一种趋势。人类是社会性的动物，这一事实永不改变，它决定了我们的生活始终处于个人价值取向与社会价值取向的紧张冲突关系中。在两种关系的博弈中，个人的个性化倾向经常落败。

大多数的个体在社会生活中都期望达到两个目标：

第一个目标是确保自己的意见是正确的；

第二个目标是通过不辜负他人的期望来赢得人们的好感和认可。

不过，要注意的一点是，大部分人觉得自己最初的动机是做出正确的判断，出发点是围绕自己的，可最后的动机会变成"希望赢得他人的好感"。毫无疑问，在两种关系的冲突中，个人妥协了，这种妥协往往是在无意识中发生，你甚至认为是理所当然的。

因此，从众现象大行其道的两个重要原因我们就找到了。首先是因信息而引起的从众，信息是罪魁祸首；其次是我们害怕、担心别人的不认可，那意味着我们与集体水火不容。

青岛的那位女孩说："当我买一件衣服时，会考虑穿上它有没有人嘲笑我。如果这件衣服的个性程度超过了我的容忍值，也就是必然受到嘲笑、批评的话，我就不会购买。"

这就是做选择时我们面临的主要问题。由于被拒绝或嘲笑是不能接受的，我们做选择的动机是为了获取奖励——得到喜爱或者认可，从众现象在各个层面就无法避免了。在这时，你的心智防护能力是薄弱的，许多商家和别有用心的人都会在这方面大做文章。

同时，当有一些方面越来越无法确定时——你的知识、能力无法支持你独立判断一件事情正确与否，你就会越来越依赖于"社会现实"，主动参考和遵从大家的标准。这不仅仅是因为你担心受到群体的惩罚，还因为别人能为你提供你所期待的有价值的信息。你节省了判断的时间和精力，和众人一起承担风险，这令你欣然接受。

心智在这时是如何运转的呢？打个比方，你来到一个陌生的商场，对于卫生间的标识不熟悉，上面有你看不懂的语言和符号，为此你焦急万分，此时有一个男士（或女士）从某个门口走出来，你立刻长舒一口气，据此迈步而入。你认为正确选择的标准就是别人提供给你的答案。

这表明，当我们置身于一种不确定的场合，就只能依据他人的行为去行事。而且，当类似的情节再次出现时，无需暗示，我们自然会重复刚才学到的行为。除非有严重的后果发生，证明这种行为是错误的。

3.建立自己的认知体系

不要过度关注别人在做什么，关键是接纳你自己。你要接纳自己的思考与行为，这些思考必须是源自内心的，是你第一时间的冲动，是直觉判断。不要觉得跟别人一样了就一定是好或者是坏，因为你自己才是最独特的。无论做什么事，都应学会基于自身需求分析，而不是每个决定都以他人的行为为依据。

不要成为跟风者的一员，或者把认知的权力交给陌生人。当面临自己无法判断的事情时，不要过早地下结论，应该寻找真相或者等待真相。

许多跟风者的心智近乎为零，他们在朋友圈转发一些不知真假的信息，让自己的从众行为误导别人。你要和他们保持距离，别把自己的行为决定权交给那些发布此类信息的人。

在队伍的后面就一定安全吗

在羊群效应的研究中有一个关于青蛙的例子。

一只青蛙在井底过腻了，对生活产生了新的渴望："外面的世界是怎样的？我真想出去看一看！"

它把自己的想法告诉了其他青蛙，却遭到了大家的一致鄙视。这时，一只年长的青蛙出来说话了。作为集体中的权威，年长的青蛙不紧不慢地说："你这个傻孩子，不要再说胡话了，我们青蛙世世代代都生活在这里，这就是我们的世界。再说了，你就是想出去恐怕也没办法。"

这只青蛙在看到集体的态度、听到权威的劝告后，有两种选择：第一，如果它觉得"是啊，我跳出井底又能怎么样呢？可能还不如井底安全"，它就会打消跳出井底的念头。第二，如果它觉得"我跳出井底后可以呼吸到新鲜空气，可以生活在一个大水塘中，那里有鲜嫩的水草，有充足的食物……",当这种冲动越来越强烈时,它一定会想办法离开井底。

很多时候,我们的境遇也和这只青蛙类似。由此可以看出,限制一个人思维的除了集体行为的惯性,还有权威的盖棺定论。集体和权威交相辉映,让我们不得不亦步亦趋。

那么,我们如何打破这种限制或者压制呢?你完全可以强行地跳出去,彻底远离长长的队伍。这是人们倾向于采取的终极方案,又干脆又解恨。比如,越是有人建议你去相亲解决婚姻大事,你越会激烈地对抗,并成为彻头彻尾的"单身贵族"。的确,人们痛恨那些试图从思维层面绑架自己的人,恨不得离他们越远越好。生活中这样的人太多了,为我们挖了很多井,试图把我们关在里面一辈子。

他们的理由是:这样做是安全的,因为都是前人的经验,至少你不吃亏。

跟在这支大队伍的后面,就一定是安全的吗?

有太多的事实可以推翻这种"常识"。从大队伍中毅然跳到另一条轨道上是可行的,不过很多问题也会随之而来:在已经习惯了的生活里,在旧思维的环境中,一个人如何才能产生"和众人不一样"的想法?他的思维灵感是如何被打开的?

我们知道,凡事都要有一个起因和一个动机。思维和行动均遵循这个逻辑,我们购物、恋爱、买房、结婚、选择工作等都有一个根本的动机,也有触发它的原因。

在准备跳出"井底"时,你的动机是什么?或者说,你的原始动力是什么?

一个人只有找到了自己的原始动机,并强化这种动机,才能在新思想的引导下坚定地走到最后,才不会被别人轻易说服,被众人的选择左右。你必须明白,"井底"外的世界更加精彩,从而巩固自己的决心。

心智的进化也是如此。很多时候,从众的人出于善意和一腔热血,一时冲动(不想违逆众人的动机,害怕被异化)而失去了冷静分析的能力。但很多消费信息和骗术的传播恰恰是有些别有用心的人利用了人们的这一弱点,来达到自己不可告人的目的。

○ 没有恶意的从众者

有的人经常引用某些知名人士的观点来告诫大家抵制某些产品。但事实是,那些观点纯属伪造,并不是那些名人说的。然而,很多人依然乐此不疲地传递着这样的观点。

例如,某医院出现了手术事故。有人假借权威专家的分析在朋友圈、微博等媒介发布文章,把医生和护士描述成"罪大恶极""眼里只有钱"的不良从业者。文章发出后被无数人转发,造成了不可逆转的舆论事件。但经过调查发现,事实完全不是这样,医院严格遵循了手术程序,这只是一起普通的事故。

这是最让我们觉得不可思议的地方。转发者绝对不是恶意的，可心智的幼稚也在此时一览无余，交上了一笔昂贵的"智商税"。

从众心理几乎人人都有。从医院事件也可看出，绝大多数人并非存心要做坏事，他们只是单纯地觉得自己应该成为传播大军中不能落后的一员，一定要保证自己的参与感。

参与感是大众事件中不可或缺的一个因素。说来说去，大部分人遇事时没有进行独立思考，在概念模糊、事实不清，甚至因果倒置、颠倒黑白的情况下，成了被舆论大潮推动的浮萍。

从教育和文化的角度看，"独立思考"在很多时候会被看成特立独行、不合时宜。人们讨厌异类，并不想独具一格。我们的传统和教育对于人的塑造是集体式的，让更多的人习惯在从众的言行中得到安全感和认同感。假如你表现得与众不同，或敢于发表挑战权威的言论，你就会被众人冠上"不合群"的评价。这就是让人愿意跟在众人后面的又一个主要原因——不是不想标新立异，而是不敢跳出来。

○ 从经验主义跳出来

英国作家道格拉斯·亚当斯有一句广为流传的名言："人其实是很麻烦的。"为什么这么说？因为人是一种经验主义动物。一方面，经验是我们在生活和工作中积累出来的常识；另一方面，经验又是我们应对未来的一种障碍。经验具有天堂和地狱两种特征，所以很多人为此纠结，左右为难。

美国著名的讽刺类小说家马克·吐温说："跟世界上所有的人一样，我所暴露给世人的只是修剪过的、洒过香水的、精心美容过的公开意见，而把我私底下的意见谨慎小心地、聪明地遮盖了起来。"

这是因为，没有哪个群体愿意接纳一个异类。只有当你变得与人群中的其他人没有多大区别时，这个群体才会真正地接纳你。我们真实的想法往往不敢公开，不敢大声地表露出来，这是不符合群体经验的部分。

第一，人总是喜欢接纳与自己相同的人，排斥与自己不同的人。

第二，人渴望被什么样的人群接纳，他就容易变成什么样的人。

要破解经验主义对心智的禁锢，就要保持开放的心态，睁开眼睛看待这个世界，不要轻易地大惊小怪，也不要对众人的习惯亦步亦趋。

如果你将自己局限在一个相对狭小的思维空间内，心态也会相对闭塞，遇到事情时，就会陷入经验主义的泥沼中，容易被别人的思想和观点左右，成为一个跟风者。

在经验主义中，你要格外注意舆论带来的影响。舆论是经验主义以群体形式释放能量的途径，它代表了大部分人的"经验"。而且舆论是可以人为发动和壮大的，因此具有欺骗性。

很多时候，舆论的本质是人们宣泄自己不良情绪、表达某些私人意见的出口。你看到的那些凶猛的舆论声浪，其实是不同的个人，他们只是想这么做或者想让别人这么做而已,但不代表这就是对的。

如果这种情形一而再再而三地发生在你的身上,让你失去自己的主见,依从众人认可的经验,那你还知道自己是谁吗?还能够找到真实的自己吗?

跟在一群人后面,做他们在做的事,固然在心理上是安全的,但你能否勇敢地接纳真实的自己,说出自己内心的声音?一些心智较差的人放弃了真实的自我,他们活给别人看,就此消失在人群中。

所以,提升心智能力的重要一步,就是从经验主义的行为模式中跳出来。别再把合群与合规看得那么神圣,也不要再刻意隐藏自己的个性,屏蔽内心的声音。你要主动恢复自己的个性、棱角、爱好、情感、思想和自我,进而做出自己的选择,而不是大家的选择。

○ 捍卫真实的自我

哈佛大学的心理学教授伯温·哈尔说:"在人群中消失了真实的自己是一件很可怕的事情,因为人人都失去了自我,失去了独立思考的能力,不愿也不敢听从自己内心的声音。这时人人都在说假话,做违心的事,结果就会导致巨大的非理性行为的发生。在人类历史上从古代的战争到今天的消费行为都表现得淋漓尽致,是人类的集体失智。"

第二次世界大战期间,希特勒检阅部队,旁边的一位将军拍马屁说:

"元首，您瞧，下面的人真多呀！"希特勒说："不！我一个人也没看见，我看见的只是人群！"

作为纳粹领袖的希特勒，一语道破了其中的天机。要想让人疯狂，先要让每个真实的自己消失在人群里。只有当每个人的自我都消失在人群中，没有了自己的感受和意志，没有了自己的想法和追求，没有了自己的灵魂之后，希特勒才能驱使他们去干令人发指的事情。

"一个人"和"一群人"有什么区别呢？

一个人是拥有"我"的人。这个"我"有自己的感受、自己的思想、自己的意愿、自己的情感、自己的兴趣、自己的爱好、自己的渴望、自己的梦想。重要的是，"我"有自己的判断力。比如，当你一个人走过促销超市时，那里还没什么顾客，你一般不会听从促销人员的"蛊惑"。

一群人就是许多人聚集在了一起。这些人为了获得别人的接纳，为了证明自己是符合群体要求的，都磨灭了自己的感受、想法、意愿、个性和自我。这时，"我"变成了"我们"。比如，当你看到促销超市门口已经挤满了顾客时，即使促销人员不过来"蛊惑"你，你也可能主动参与进去。

这就是伯温·哈尔所说的"非理性行为"的本质。一个人时，不用在乎别人的看法和眼光，不用考虑大家怎么想，他按照自己喜欢的方式生活，想怎么样就怎么样；但当这个人进入社交场合、融入一个集体中时，情况就完全不同了，他特别关心别人对他的看法，很在乎自己给别人留下的印象，根本不敢随意说话和做事。他把真实的自己隐藏起来，按照别人喜欢的方式行动。

例如，我们和一群同事、客户出去旅游，客户发现一家商店的免费活动很有意思，你的同事也觉得有意思，他们迅速参加。尽管你对此嗤之以鼻，嘲笑他们是傻子，可你不会戳破这个"气球"，你高高兴兴地一起参与，掏出了自己的钱包。

捍卫真实的自我，是加强心智防线的重要途径。但这做起来非常困难，以至于我们需要重新思考自己与他人的关系，重新对待社交。人总是需要社交的，需要活在群体和与别人的关系中，但我们不需要把自己的整个人生都变成社交，至少不能将自己的思考和行动的权利交给其他人。所以，收回你自己的决定权，就是在捍卫真实的自我。

从现在开始，不要再时时刻刻都在乎每个人的感受和想法，在乎每个人的议论和评价，找回那些失去的自我的空间，开始在乎自己的感受，拥有自己的思想。从这一刻起，我们就迈出了修补心智防线的第一步。

庞氏骗局何以能够长盛不衰

"说谎的都是骗子,相信的都是傻子。"这句话是用来形容"庞氏骗局"的。当骗子和傻子聚到一起会发生什么?庞氏骗局就是一个活生生的例证。金融奇才和超级骗子查尔斯·庞齐在不到一年的时间内,靠"撒谎"卷走了两千万美元,让当时无数人一辈子的积蓄化为了乌有。

今天,凡是懂点防骗常识或金融知识的人都知道庞氏骗局是怎么回事,可我们惊讶地发现,仍然有大量的人成为这种类似骗局的猎物。

1882年,庞齐出生在意大利一个旧日贵族的家庭里。18岁时,他进入罗马智慧大学。在这里,他经历了一次财富方面的残酷考验。他结识了一些有钱的朋友,和他们终日泡在酒馆、赌场和剧院,等到自己的钱花光时,很快露了底,成了朋友的笑柄。他打肿脸充胖子,以为能被另眼相看,但这种把戏迟早玩不下去。

后来，庞齐来到当时被称为冒险者天堂的美国。他连英语也不会说，只好一边打零工，一边学习英语。但好景不长，因为偷窃食物和少找给顾客零钱，他被解雇了。从这件事可以看出，庞齐的骨子里就隐藏着犯罪的基因，也就此走上了更大的犯罪之路。

1907年，庞齐25岁。他从美国跑到加拿大，成为扎罗西银行的一名柜员。工作了一阵，他发现扎罗西银行的经营入不敷出，没什么利润，老板居然用新开账户的存款来为顾客支付利息。他还没琢磨清楚这里面的问题，银行老板就携款跑路了。

庞齐又一次失业，而且身无分文。走投无路之下，他来到一个朋友的办公室，想借点钱。在发现四下无人后，他咬咬牙，拿起笔伪造了一个签字，给自己写了一张423.58美元的支票。于是，他被警察抓住，判了3年监禁。

在监狱里面他遇到了各种各样的罪犯，其中包括一位名叫查尔斯·摩斯的商人。这个商人与庞齐以前认识的小混混不同，他是一个能"不费吹灰之力就弄来钱"的华尔街精英。在与这个商人的攀谈中，庞齐突然"开窍"了：我之所以发不了财，原来是没找对方法。想赚钱就必须懂一些骗术，知道公众是怎么想的，深谙人们的弱点才可以，小打小闹是不行的。

出狱后，庞齐开始寻找"生财之道"。当时，包括美国在内的63个国家在罗马发行了一种全球通用的邮票票据。庞齐发现，由于一战后意大利货币的贬值，1美元在意大利能买到比美国多几倍的邮票票据，两者的差价就是利润。

于是，他借了大量高利贷去投资这门生意，但发现根本卖不掉那么多票据。眼看高利贷还款的日期临近，他心急如焚。

怎么办呢？庞齐开始骗人了，他利用了人们追求高额利润的心理，告诉周围的人票据事业是有利可图的，只要他们把钱在他这里存放90天，就可以得到50%的利息。这是一个惊人的回报率。虽然庞齐不知道以后要怎么还这些钱，但他一张嘴就许下了承诺，让亲朋好友信以为真，同时帮他扩散这个消息。

很自然的，只要有足够的诱惑，就一定有人被打动。

通过这个弥天大谎，1920年3月，庞齐从110个投资者那里骗了2.5万美元。这时候，第一批投资者的兑换日也到了，他用这2.5万美元还清了那些人的本金利息。最开始的几个人平均只投资了1250美元，利息就得到了750美元。人们一看确实有利可图，立刻开始跟风。

"天啊！庞齐真的能付超过50%的利息！"这个消息就像瘟疫一样迅速地扩散开来。

1920年4月，又有471个人给庞齐投资了14万美元。到了5月，人数增加到了1500个。钞票就像下雪一样扑过来，目标就是庞齐。大家都争先恐后地投钱给他，有些投资者投入了毕生积蓄，甚至将房屋抵押贷款，也要把钱交给庞齐。那些拿到本金利息的人，也立刻把钱又投了回来。不到半年的时间，庞齐就从一个一文不名的穷光蛋变成了炙手可热的"金融天才"。至少在投资者眼中是这样的，大家都疯了似地相信他，崇拜他，毫不思索地将所有的钱交给他。

为了匹配自己企业家的身份，庞齐开了一家公司，由于投进来的钱越来越多，他雇了很多人接待投资者。如何处理这么多的钱？庞齐的做法是将它们都存进银行。他幻想着有一天，自己的钱会多到能将整间银行都买下来。这时，突如其来的"成功"和花不完的钱让他失去了"理智"，完全忘记了自己其实是一个骗子。他在各地购置了豪宅，还给妈妈买了一间海岸别墅，平时穷奢极欲，挥霍无度，在这个骗局里越陷越深。

更疯狂的是那些投资者，到了7月份，投资者的数量已经增长到2万人。跟风的人并不全是底层平民，还有许多中产人士。从当时的新闻来看，来自不同种族、不同背景、不同阶层的人都将庞齐奉为投资之神，认为他就是一棵永不会倒的摇钱树。成千上万的人排着队、争着抢着把一沓沓的钞票送过来，他们的表情写满了希望和贪婪，渴望通过庞齐发家致富，变成大富豪。更有趣的是，就连一些政府官员和警察也参与其中。在波士顿，至少有5位督察级别的高级官员也是跟风者的一员，除此之外还有成百上千的普通公务员和警察，以及联邦政府其他机构的办事人员。

然而，骗局迟早是会被人识破的。庞齐所承诺的高回报率终于引起了很多人的注意。有心人发现他唯一的投资就是将钱存在银行里，并没有什么高回报的生意。要知道，银行的利息是很低的，至少无法支付他宣称的50%的利息。那么庞齐如何回报自己的投资者，钱是从哪儿来的呢？有心人开始呼吁调查庞齐，但投资者们依然执迷不悟，大部分人维护他，甚至投入更多的钱表示支持。

联邦政府介入了调查，不过没有发现什么问题。因为庞齐没有违法，他一直有在支付承诺的利息。"这是一门生意，丝毫找不出违法的细节。"不过，有些审查员和记者在不懈地努力下还是找到了庞齐的命门，然后公布了出来。

1920年的7月末，媒体集中对庞齐进行了一系列"黑历史"的报道，把他昔日锒铛入狱的经历报道出来，告诉公众他就是一个骗子。

这些报道引起了投资人的巨大恐慌，基于各方的压力，庞齐被迫停止接纳新的投资，并且将所有的业务文件公开进行审计，以示自己是"清白"的。这时他再说什么、做什么已经无济于事了，一如当初人们排着队要投钱给他一样，现在惊慌的投资者开始排着队向庞齐追讨投资。他因何发家，此刻就因何失败。人们潮水一样涌来，挤满了街道和走廊，围攻他的办公室，讨要投资款。庞齐当然没办法全部兑付，他只能兑付一小部分。恐慌像当初的贪婪一样震荡着整个社会，投资者人心惶惶，社会因此动荡不安。

1920年8月，庞齐被逮捕。法院冻结回收了他所有的资金，但终究资不抵债，人们能拿回的钱平均不到本金的三成。只是短短几个月，两千万美元就在庞齐的手上蒸发了，不是被挥霍掉了，就是付了前面投资者的本息。最后经过3个月的审讯，庞齐被判监禁5年，为自己的行为付出了代价。

多少年来，"庞氏骗局"已经成为金融诈骗领域的一个典型案例，也是拿来考验投资者智商的一道基本测试题。假如一个投资者看不出其中的欺骗逻辑，对于此类生意怀着发财致富的心态而跟随其后，我们就可以说，他必然会为此交上一大笔"智商税"。

○ 薛定谔的宝箱

有一个著名的问题叫"薛定谔的宝箱"——假如有一个宝箱，每秒都能让放进去的钞票增加一倍，但同时箱子里面还有一个随时会爆炸的炸弹，你们会选择将自己的全部积蓄放进去吗？绝大部分人都会回答"当然不会"。他们在冷静思考时十分清楚这里面的危险，因为墨菲定律告诉我们：只要一件坏事有可能发生，那么它必然发生。但同时我也知道，当人们真的碰到这个问题时，他们的行动力往往表现得与自己的思考截然相反。

事实是，超过80%的人一定会把自己的钱全部放进去！

在一次课堂上，我提出了这个问题，问台下的听众如何选择。他们中有商业大学的精英，有金融从业者，也有普通的投资者和企业的中层管理者。他们的头脑是聪明的，判断力也是惊人的。但遗憾的是，在不记名的投票中，仍然有34%的人选择"把钱放进去"。而在公开的讨论中，这个比例更高。当前面发表观点的人中有更多赞同把钱放进去的人时，后面的人会越来越倾向于赞同这一选择。

○ 击鼓传花

在庞齐的投资客中，不乏当时的社会精英，他们真的看不到庞齐投资计划中的问题吗？或许从一开始就看到了，但他们认为自己不会是击鼓传花中的"最后一棒"。在巨大的诱惑面前，这些人的心智开始"打盹儿"了，都觉得自己可以在庞齐的计划破灭前带着高额的回报抽身离去，贪婪与侥幸心理驱使他们成了"愚蠢的赌徒"。

从庞齐算起，一个多世纪过去了，但人类社会中的投资客并没有吸取教训。比如，2008年，美国历史上最大的诈骗案被曝光，麦道夫利用庞氏骗局的手段诈骗了600亿美元。

庞氏骗局在实施和传递的过程中，其维系下去的核心原则就是击鼓传花，用后来者的钱支付给先来者作为回报，然后继续吸收后来者，直到泡沫破裂，再也玩不下去。

○ 贪婪是一切骗术成功的根源

所有的骗局，基本上都利用人的贪心才能成局。没有人们心智上的贪婪，也就没有骗子的戏法。而克制贪婪，是人类文明有史以来最大的难题之一。

庞齐临终前对一位前来采访的美国记者说："我为世人带来了史上最好的一场表演，我让人们感受到了最可怕的恐惧。"他所说的"恐惧"，就是贪婪之心借众人之手集中爆发时所产生的后果。

在如此庞大的羊群中，真正的主角既不是庞齐，也不是无数的跟风者，而是人们心中贪婪的欲望。贪婪让人们眼冒绿光，不顾一切做出愚蠢的举动，明知有诈也想赌上一把。这和人们购物时明知免费是商家的套路仍会上当是一样的道理："也许除了别人，只有我占了便宜呢？"

这些骗术会随着时代的发展而不断升级，但核心因素正是利用了人的贪心。

所以，任何时候，我们都要自省自查，将贪婪拒之门外。

重新定义自我，跳出当下的环境

○ 摒弃自我怀疑，拒绝不假思索的认同

有一个学生跟我说："工作之前我是一个极有主见的人，哪怕父母、同事、爱人和朋友一起反对我，我也会坚持自己认为正确的看法。但现在好像不同了，我变得有些懦弱，只要有人提出异议，我就怀疑自己。有时候，我听到异议后甚至会立刻表示认同。"

她为何有如此大的转变？这是因为，她进入了一家咨询公司——强调团队精神及专业意见的地方。在这里，她的"自我"逐渐被抹平，变成了将服从与平息争议放在首位的团队分子。不论遇到什么事，她的选择都与大部分人保持一致。

长期的固定环境就像一个笼子，也是一种隐形的权威。当一个笼子开始形成并且加固时，人们就被装进了权威的口袋。一旦你丧失了独立的思想之源，心智的抵抗力就会迅速下降。你会按照设定好的大纲说话、做事，也会无可避免地掉进一些既定的思维陷阱。

你总是逃不过环境的限制，发现不了"自我"。究其根本，在于你对独立思考的本质缺乏真正的认识，会一直跟随在羊群之中，"快乐"地生活和工作下去。就像有的人经常安慰自己："嘿，学生都独立思考了，还要老师干吗？员工都有独立思维了，那些做上司的怎么办？"

你看，这些人的潜意识中根本不想独立思考。他们甚至觉得永远都有别人指导、引路是一件多么幸福的事情。他们乐于做一只小白鼠，请人替自己安排好一切。

他们沉迷在五花八门的信息中，受到周围环境的强力约束，甘愿附和着人群的声音，待在思维的笼子里。

○ 专注于自己

权威的看法就适用于一切吗？

答案当然是否定的，这是因为，权威的看法首先适用于自己，而不是别人。他的看法，通常基于他在生活和工作中的经验，但未必符合我们的情况。

我们在现实中看到的情况大多是这样的：

别人怎么说，你就怎么做，因为他成功过；

别人做什么生意，你也跟着效仿，因为他生意红火；

别人买了什么股票，你也跟着买，因为他之前赚钱了；

……

你专注于"别人的思维"，而放弃了自我，以求安全。但这样做的效果很好吗？从实际的反馈来看，很多创业者都对我说，他们第一次做生意、第一次买股票时之所以失败，就是因为盲目地听从了前辈或者行业专家的意见。

曾在硅谷投资数家科技公司的爱德华·芬奇说："我向前辈们学习成功的经验，照搬他们的理念，结果我一年就赔了300万美元。这不仅让我迷失了自己，还把事业做得不伦不类。"

对于创业者来说，每个公司的产品不一样，每个创业者面向的群体也不一样，公司的实际情况更是各有差异，不可一概而论。在做生意和投资的过程中，人们必须根据自己的实际情况来进行思考和布局，通过自己的实践和总结，强化自身的思维，而不是去模仿他人。购物消费是这样，创业理财也是如此，处处体现着适用的重要性。

你不需要仰望别人，只需专注于自己。不管是工作也好，生活也罢，一定要走自己的路，而不是符合别人思维和要求的。我们的生活、工作必须与自身的人格特征、心智模式完美融合，才能解决实际问题。如果你摒弃这个原则，就会为此付出代价。

○ 你的逻辑是什么

几年前,我认识了一个在金融领域"混饭吃"的人,他从事个人投资,不属于任何公司,也没加入任何私募机构,但他很有头脑。对于这种人,我们习惯称之为金融草原上的孤狼:有钱、冷静、残酷、迅速。他投资时往往能抓住时机,快速进入,抬高价格,抛售获利,然后撤出,不会有丝毫犹豫。他是专业的投机分子,和普通投资客完全相反。

他说:"我之所以同情普通人,是因为他们缺乏识破陷阱的能力。在投资市场上,陷阱无处不在。但他们无法控制自己的欲望,在欲望的主导下,他们容易偏离自己固有的严谨逻辑,改成以别人的方式思考。诱惑越大,就越要睁大眼睛,审视内心,问自己一句:'我的逻辑是什么?'"

法国哲学家狄德罗说:"假如知道事物应该是什么样,说明你是聪明的人。假如知道事物实际什么样,说明你是有经验的人。但是,只有懂得如何用自己的方式使事物变得更好,才说明你是一个真正具有才能的人。"

人们之所以迷信权威,喜欢跟在先行者的后面,是因为无法割舍不切实际的奢望或者野心,选择了一条并不适合自身能力和思维逻辑的道路。在这种情况下,付出代价也就在所难免了。

○ 从群体思考中跳出来

有一家证券公司的总裁，他在过去的几年中十分信任自己一手建立的团队，一直倚仗他们为自己做投资决策。但最近一段时间，他发现了一个奇怪的现象：随着团队人数的增加，决策效率反而大幅度地降低了，而且频频出错。

他悲痛地说："就在过去的3个月中，我的公司已经损失了600万元。我相信团队的力量，但他们为什么犯了这么大的错误呢？"

这位总裁犯了一个错误，他让自己的思考离开了决策核心，开始依赖群体思考。即便他团队中的人都非常优秀，单独拿出来都能承担大任，但聚在一起后，受到从众心理的影响，他们的判断力和决策力就会大幅度下降。

若想解决这个问题，他必须保持自己的"一票否决权"，在做关键决策时，要从群体思考中跳出来，不能被团队成员影响自己的思维。

○ 凭什么一定得合群

合群是现代人评价一个人是否受欢迎的主要标准。无论是在学校，还是在办公室，或者是朋友圈子，合群都是人们拿来互相评判的话题。跟在羊群中，无疑是合群的，但思考和行动却受到限制，甚至失去自我。

比如很多人原本喜欢独处，但为了合群，只好积极地参加各种他并不喜欢的社交活动，被迫改造自己。在合群的同时，他要做出许多违心的举动，附和那些看起来十分幼稚的观点和行为。因为一旦他表示异议，就可能失去这些朋友。

威尔逊是假日酒店的创始人。有一次，威尔逊和员工聚餐，有个员工拿起一个橘子直接啃了下去。原来，这个员工高度近视，错把橘子当成苹果了。为了掩饰尴尬，这个员工只好装作不在意，强忍着咽了下去，惹得众人哄堂大笑。

第二天，威尔逊又邀请员工聚餐，菜肴和水果跟昨天一样。看到人来齐了，威尔逊拿起一个橘子，像昨天那个员工一样，大口咬了下去。众人看了看，也跟着威尔逊一起吃起来。结果，大家发现这次的橘子和昨天的完全不同，是用其他食材做成的仿真橘子，味道又香又甜！

大家正吃得高兴时，威尔逊忽然宣布："从明天开始，安拉来当我的助理！"所有人都惊呆了，觉得老板的决定很突兀。

威尔逊解释说："昨天，大家看到有人误吃了橘子皮，安拉是唯一一个没有嘲笑他，反而送上一杯果汁的人。今天，看到我又在重复昨天的错误，他也是唯一没有跟着模仿的人。像他这样既不会对同事落井下石，也不会盲目追随领导的人，不正是最好的助理人选吗？"

刻意的合群能为你带来好处吗？不能。一般情况下，为了迎合众人的趣味而趋同，对你并没有多大的益处，反而会对心智成长造成伤害。

人和人是相互吸引的，你是什么样的人，就能进入什么样的圈子；而你融入什么样的群体，最终也会变成什么样的人。

○ 成为一个有思想的人

有思想，意味着坚持自我。如果你真的不喜欢某种东西，就不要勉强自己同意，哪怕再多的人试图说服你，或者别人都和你的选择不一样，你也应该坚持自己的看法。

不要刻意地迎合众人，要专注于提升自己。我们在世界上遇到的任何问题，核心就是"你是否得到了提升"。提升自己的心智，提高自己的判断力，而不是把精力花在迎合别人的心意上。当你专注于提升自己时，就能避免做出错误判断，并保持自己的独立性，这样一来，人们会主动向你靠拢，放下他们的观点来接纳你。

Part 3

"励志大师"的灵丹妙药

快速成功法则为什么有市场

今天你去听励志讲师的课程了吗？即使你没有付费去听，恐怕也经常在网上、新闻或朋友圈中看到类似的内容——教你怎样快速地获得现实利益、取得事业的成功等，这似乎给了你一枚灵丹妙药，只要吃下去，你的人生就万事大吉了。

成功学现在大行其道，很多人沉溺其中的原因是，这些内容把所谓的成功简单化了，蒙蔽了人们的心智。比如，人们看完一本关于成功学的书后，会感觉成功离自己已经不远了，但往往忽略时机、计划、方法等影响成功的关键要素。

成功的概率其实是很低的，即便你做好了准备，具备了足够的能力，运气也可能跟你开一个天大的玩笑。

教人快速成功的内容到处都是，大都具备以下特点：

这类内容很少介绍当你遇到挫折后到底应该怎么办。假设的挫折场景不具有适用性，给人的错觉就是"我只要做到了某几点，就一定会成功"。可事实并非如此。

对于人性的分析往往脸谱化，但现实中的每个人都有很多面，在不同情绪的影响下，人们思考和行动的风格也是不一样的，那些成功法则无法涵盖这些不同的情况。

最主要的问题在于，没有人能够去验证它是错误的。快速成功法则是一种伪理论，也就说，如果这样做是对的话，你不这样做也不会错。人们都看到了对的一面，忽视了错的可能性。

○ 励志的歧途

莱比是研究消费心理学的专家，他评价市场上有关励志的书籍时，使用了"消费梦想"一词。

人是有梦想的动物，这就是最大的市场。大部分成功学都在消费人的梦想，让人们乐在其中。

当所有的东西都与消费文化沾边时，人的心智防御机制一定会出问题。这就是为什么妄图席卷市场的产品都会从消费文化的角度研究受众，制定营销策略。

励志大师们也是这么做的。他们很清楚，人们都渴望快速成功，恨不得一觉醒来，自己的人生计划就已完成了一大半。成功学不外乎利用了人们这种急功近利的心理，就像"出名要趁早"这种名言一样，让人兴奋不已，导致会为了名气而不惜一切代价。

总而言之，快速成功是一条歧途，但人们总是相信。

我一位朋友的孩子高中毕业后，想学吉他，于是报了一个培训班。培训班的口号是"三个月让你成为吉他高手"。三个月能做什么？你背不完一本英语教材，但他们能让你弹出一手好吉他，是不是很诱人？

这个孩子以为上了培训班就能让自己的吉他水平大幅提高，但后来他发现，不想刻苦练习，总想着借助外力提升自己，无异于痴人说梦。三个月后，他只能看懂一些浅层次的吉他理论，勉强弹一些简单的曲子，距离高手的境界还很远。这时，花出去的钱已经回不来了。

你上大学时有没有遇到过这种情况：有人劝你订阅英语学习类周报或其他教材，都是关于如何快速学习英语的。仿佛只要订了这些东西，四级、六级英语考试就能轻松过关。但实际上，这些快速学习英语的方法，对人并没有多大帮助。

我们总是为成功学付出代价，因为我们容易被功利左右，意识不到自己的心智防线出现了漏洞。

○ 人们需要偶像支撑心灵

在充满浮躁感和危机感的社会环境中，每个人都需要一个偶像来支撑自己的心灵。这个偶像可能是像超人一样的幻想形象，也可能是某些卓越的成功人士。人们相信偶像，而且寄希望于偶像，这样在面对重重困难时，才能坚定地走下去。

这并不全是坏事。某种程度上，偶像崇拜有其不可替代的积极意义。因为人类发展到今天是竞争的结果，与人的竞争，与物的竞争，竞争无处不在。当你无法掌控局面的时候，就需要这些偶像充当心理支柱，提供巨大的心灵力量。于是，成功学就利用这一点粉墨登场，在人的精神领域占据了相当大的空间。

1.偶像起到安慰剂的作用

你可以把那些快速成功法则当成是偶像送给你的安慰剂，事实上人们正是这么做的。凡是相信这些法则的人，都是尚未成功的人，为了抚平内心的困惑，他们需要一些解释。这时励志大师站出来说："其实你是因为……才没有成功。"

除掉某些特别个性的观点后，这类的安慰会受到大众的喜爱。人们看到、听到这些话后会觉得很有道理，正符合他们的潜意识里罗织出来的"理由"：我一定是没做某些事，才没有成功。但发现这一点后并没有什么作用，几个月、几年后你仍然要到励志大师那里寻找新的安慰。

2.帮助你推卸责任

通过调查发现，85%以上的成功学都在帮助人们推卸责任。基于"不谋而合"的心理需求，人们看到成功学后会表示认同：不是我做得不好，是我对形势、环境、人际关系等有误判，是我没有像成功者一样功利。人们普遍觉得这非常有道理，这就是人们看了再多的成功学也不会成功的原因。

3.你必须思考成功的本质

有一次我碰到一位投资大师，他开了四百场讲座教人们如何买股票，如何操作期货。

"你的学员现在有多少财富呢？"我问他，"想必他们赚了很多钱吧？"

他耸耸肩："我不关心这个问题，我也没有统计过，只要他们愿意听课就好了。"

想想看，他的忠实学员能从这样的课堂上学到什么知识呢？在缴纳了一大笔费用后，他们的投资技术并没有得到提高，距离成功还有很远的距离。

你真的想成功？首先你得知道成功的本质是什么。整个思考过程必须是你一个人主导的，少受外界的干扰。如果你急于成功，心智就自动地对外发射"我想上当受骗"的信号，所谓的"成功学专家"和"励志大师"便会蜂拥而来。

当你对成功有了理性定义后，再去以"过来人"的经验为参考，才能结合自己的特点一步步去实现它。

如果你读到此处开始滋生怀疑精神，对本书及过去阅读的一切书籍产生不一样的看法，那么恭喜你，你的心智已经生成了第一道防线——

对自己接触到的知识不是全盘接受,而是有选择地纳为己用。

○ 喊口号总是最简单的

喊口号是一件零成本的事。很多人都是喊口号的专家,也擅长忽悠大众与他一起加入"光说不练"的大军。不可否认,那些快速成功的法则看上去是很有道理的,至少讲出了人生的某一种可能。但是,仅停留在嘴边的法则比鸡肋还没有营养,因为你的个人经验、经历和梦想很难和成功学结合起来,更不可能产生积极的推动力。

这些基于"上帝视角"的论断,将我们生存的复杂世界粗暴地简单化了。人们喜欢的成功法则并没有提供更多的现实路径,仅仅是递给你一个扩音器,让你壮胆喊了几句口号而已。对于这些口号类的内容,人的心智恰恰是缺乏抵抗力的。破解迷思的第一步,就是要明白让人激动的口号和可行性方案的区别。

心灵鸡汤式的说教为什么总能成功

在当今的网络时代，心灵鸡汤随处可见，占据着微博、公众号等众多传播平台。

据实而言，心灵鸡汤大都内容空洞，事例虚假，缺少专业知识，无法用于实践。那为什么有那么多人信奉心灵鸡汤呢？

要回答这个问题，我们首先要了解一下心灵鸡汤的受众群体都有哪些特点。

第一类：缺乏资金和人脉的创业者、底层的工薪族。

第二类：物质条件充足、对精神财富有迫切需求的人。

这两类人泛指"不成功者"，要么在物质层面，要么在精神层面，存在着一定的缺陷和不足，而且长期处于失意状态。

北京大学一位教授针对这种现象说："心灵鸡汤有这么巨大的市场，

反映了人们内心的贫乏，证明了大众心智的低下。在快节奏的生活中，人们太需要成功了，但他们没有时间积累、沉淀和领悟出某些适用于人生成长的道理，因此只能寄希望于那些现成的道理，尤其是由公认的权威人物总结出来的道理，以此来帮助自己答疑解惑，排忧解难。"

当人们感觉自己受到某些伤害时，就需要特定的内容来安抚自己的心灵，心灵鸡汤起到了这个作用。但是，阅读心灵鸡汤后，人们更有理由安于现状，而不是忍受痛苦、战胜磨难。

相信心灵鸡汤的人下次还是会犯同样的错误，还是会需要这样的安抚，这就形成了一种循环式的需要。

人们不愿花费大量的精力去自主思考、探寻生活的本质。人们懒得这么去做，而是直接寻求和相信"大家都在相信"的东西，这就是心灵鸡汤能够大行其道的原因。

○ 精神安慰剂

在困顿或消极的状态下，人们会觉得心灵鸡汤异常美味。你可以想象一下，当你经历了一次如同殊死作战般的通宵加班，回家后筋疲力尽地躺在沙发上时，突然有人告诉你："不要想什么工作了，好好睡上一觉，明天醒来，一切都会更好的！"是不是很受用？这就是心灵鸡汤的特点，它具有明显的精神安慰剂效果。

有个女生看到网络名人芙蓉姐姐成功减肥，一夜间变漂亮的事迹后，深受激励，马上把自己的微信签名改成了"死了都要瘦"。此时，心灵安慰起到了作用。但几周之后，这个女生忍受不了减肥的痛苦，又像以前一样胡吃海喝起来。

可见，心灵鸡汤的安慰剂作用只能暂时奏效，并不能让人彻底做出改变。

喝下第一碗鸡汤时，人们觉得很新鲜，很有营养；但喝第二碗时，就会觉得有点油腻；喝第三碗时，甚至难以下咽。这符合边际递减效应，同时说明人的感动是有限的，励志大师们只能哄骗你一两次，不可能一直让你深陷其中。

○ 认清真相，热爱世界

1.心灵鸡汤往往经过了刻意的包装

很多流行的心灵鸡汤，里面引用的故事既不全面，也不准确，纯属误导读者。比如非常流行的哈佛大学的故事——故事中说哈佛大学到了凌晨的4点钟还灯火通明，每个学生都在图书馆读书。事实的真相是什么呢？文章中贴出来的照片不是哈佛大学的图书馆，而是某家工厂晚上加班的情景。

有人说："我管它真假，只要能够激励我、改变我，让我成长就可以！"但他不知道的是，读到假的故事，即使再努力，你受到的鼓舞也是假的，因为它并不真实，不具备现实的可行性。人的成长是由意识层、思想层、行为层和习惯层由浅到深改变的，一个经过刻意包装的假故事不可能对人造成多大的改变。

2.励志故事看多了，你会变得麻木不仁

本杰明·富兰克林写了人类历史上第一本心灵鸡汤大全，叫《穷理查年鉴》，这本书在美国发行了数百万册。但是我们可以猜想，在那么多的读者之中，没有产生第二个富兰克林。唯一能确定的是，富兰克林靠这本书赚到了数百万美元，出版商也大发其财。知易行难，这些励志故事能感动你，未必能加强你的行动力。相反，读得太多了，人们反而会变得麻木。

罗曼·罗兰说："世上只有一种英雄主义，就是在认清生活真相后依然热爱生活。"这个世界上从来没有什么救世主，更没有什么药到病除的心灵鸡汤，保持理性，深刻自省，才是拯救自己的捷径，勇于行动，热爱生活，才是让自己变明智的最好方法。

破解"励志大师"的洗脑模式

自从电商行业兴起以来,伴随电商模式发展起来的新式营销,成功地与社交、培训等结合在一起,借助微博、微信等传播工具横空出世,涌现出一大批打着"微营销"旗号的"励志大师",喊着种种激动人心的口号招揽"信徒"。一时之间,他们的观点和概念铺天盖地而来。

我们只要打开手机,登上网络,就能看到各种似是而非的说辞,替你解构生活,分析事业,帮你出谋划策,规划人生。低级一点的"励志大师"写几篇公众号文章,高级一点的成立自己的机构,到处开讲座,招收付费会员。

"励志大师们"的观点往往经不起推敲,他们的培训被很多人斥之为洗脑,或者被冠之以"新型传销"的贬义词,但追逐之人仍是络绎不绝。很多人为能加入他们的俱乐部,成为其付费会员而感激涕零、充满自豪。

更有一些人在加入之后成了免费的宣传人员，他们从不掩饰自己对"大师们"的崇拜乃至迷信的感情，对于来自任何外部的反对意见统统给予强有力的反击，捍卫他们心中的偶像。

长期研究培训洗脑现象的罗德里格斯在一年内听了24场讲座——从华盛顿、纽约、芝加哥再到伯克利，他观察那些如痴如醉的铁杆支持者："这些人对于台上演讲者的支持之情溢于言表，毫不掩饰，我丝毫不怀疑他们的感情是真挚而朴素、单纯而美好的。他们就像一个最虔诚的信徒一样，匍匐在那个人的脚下。他们就像在黑夜遇见了明灯，仿佛只要遵照而行，就能为自己的人生创造奇迹。"

这的确是一个不大不小的奇迹——我是说"励志大师"对人的心智进行控制的整个过程，是怎么做到的？

第一，告诉你"你不行"。

第二，分析你"为什么不行"。

第三，灌输你"应该做什么"。

第四，提示你"应该如何做"。

就心智一般的人而言，对这四个步骤是毫无抵抗能力的。人们在生活中总是会遇到这些源源不断地困惑：

失业了找不到好工作；

家庭矛盾重重，无法解决；

别人都在发大财，自己赚不到钱；

心态浮躁，需要心灵的明灯；

……

所以，遇到能够通过这四个步骤清晰地展示一幅美好图景的"励志大师"时，简直就像看到了"神仙"一样。因为从他们这里，人们自以为能够摆脱迷途，也认为他们就是拥有高明的生活和事业理论的人。只不过，"励志大师"从不对自己受众的未来负责，他们在乎的是自己的影响力和实实在在的回报。

○ 反向思考他们的观点

罗德里格斯说："仔细研究受人欢迎的'励志大师'，他们要么在人类的生命智慧这样深不可测的地方有了理论的突破，要么在获取财富、人生成功方面取得了独家秘籍。总之，人类社会发展至今的那些生命、智慧、财富等最难以破解的奥秘，他们都能找到令人难以置信的解决方案，并愿意分享给你。可是，他们自己为何没有早早发家致富，反而需要抛头露面到处宣讲，赚取你的听课费呢？"

这就是问题所在——为什么你会被洗脑？你的心智防线为什么抵挡不住入侵，像做了梦一样被人摆布？

北京一位刚毕业5个月的大学生是"反励志大师"（出于反感心灵鸡汤和成功学而出现的一个群体）思想的追随者。他提到了自己去听课然后践行的经历："我把'励志大师'划入和江湖郎中一样的类别，因为他们总能有效地控制我们的思维，但传达的东西对大多数人是无效的。"

为什么在各种各样的场合成功学都可以所向披靡？为什么人们都对成功学的那一套情有独钟，即使没有效果也仍然深信不疑？到底是我们太蠢，还是"大师们"太聪明了？

造成这种现象的根源是，人们未能对一种听起来很有道理的东西进行深入分析，特别是假设性的反向思考。

大部分人都没有形成反向思考的习惯，很少懂得对一个问题进行逆向推理，因此在遇到常识问题时容易判断失误。

"励志大师"恰恰钻了人们"固化思维"的空子，而你要做的就是从源头修补防线，主动出击，对他们的观点做反向的思考，不给他们营销和洗脑的机会。

○ 放下你的渴求，再看看会发生什么

现在最火爆的名词除了互联网，还有人脉、圈子和机遇。很多人都有资源渴求症，言必称圈子，动不动就讲机遇，这就给"励志大师"提供了兜售观点的良机。

我们处在一个过度竞争的社会中，怎么才能脱颖而出？大多数人都觉得自己缺少资源，而缺少资源的关键是缺少人脉，缺少人脉的原因就是因为没有加入精英的圈子。这是一种普遍的大众化的认知。解决的方案就是，听从"励志大师"和"创业专家"的指引，读读他们的书和上几堂课就可以结识一帮牛人，立刻打通资源的关卡，改变自己的命运。在这样如饥似渴的期盼中，"励志大师"的任何言语都不啻是天籁之音，因为跟着他，好像就能进入一个与众不同的圈子，实现自己的梦想。

复旦大学的一位教授说："这些年，由于各个领域的资源都在以金字塔式的形状发展，人们想改变现状的渴望越来越强，这就给"励志大师们"创造了一个广阔的市场。于是，不知有多少人做起了满足人们的这种渴求的生意。他们假借分享资源、提供机会之名，把自己包装成行业领袖，让无数人落入其中而不可自拔。"说白了，都是为了资源。因为人脉就意味着资源，圈子就意味着财富。正是在这样的思想指导下，使得人们降低了心智，热切而疯狂地成为他们的信徒。

你一定要明白，当自己可以完全冷静下来，抛开那些渴求之时，你才能真正看到"励志大师"的观点和心灵鸡汤的逻辑漏洞。即使是一些拥有某种资源的"励志大师"，他们也只是各种关系的中间人——社交掮客，大部分人并不是某个领域的专家，也没有在对应的领域做出卓越的业绩。无欲则刚，破解"励志大师"的洗脑套路，保卫自己的心智，就要先把心底的欲望驱除出去。当诱惑不在时，励志的骗局就很容易识破了。

○ 建立自己的归属感

一个没有归属感的人，是很容易被别人、被某种理念欺骗的。而归属感则是人的灵魂支柱，它包含很多方面：

一是心理层面的落实感与安全感。

二是被别人或者团体认可与接纳。

三是价值得以"自我实现"的充足感。

四是责任和奉献的激情感。

归属感对于任何人都非常重要。人是群居动物，害怕被孤立和边缘化，每个人必然属于某一个组织、团体、社群，不管这个人是何种独居、自闭的"怪物"，他在心理和行为上都逃脱不了这种属性。因此，稳固的归属感是一个人抵抗外界洗脑、加强心智防御的重要保证。

对于归属感强的人来说，他们已经实现和拥有了这四个方面，心智的防线强大而稳定，就不容易被"励志大师"或营销组织的把戏攻破。反之，基于对归属感的渴求，人就很容易轻信对方的说辞，自我说服而把精神寄托在上面，并自以为找到了归属感。

我认识一位参加过某机构成功学培训的年轻人，谈到那位名声在外的"励志大师"，年轻人的话语中充满了尊敬，乃至带有一种崇拜和迷信的眼神，好像那就是他的人生导师。我知道，如果此时我抨击那位"励志大师"，他一定跟我"拼命"。这一点都不奇怪，因为年轻人在这个偶像身上找到了自己的归属感。

现实中人都是孤独的,但同时每个人都在寻求和自己的精神世界相吻合的群体。如今发达的社交网络让人拥有了这样的机会,也给"励志大师"使用"社群战略"提供了五花八门的工具。要想避免成为他们的猎物,就必须保持清醒,提前找到自己的归属感。

几年前,我在华盛顿有段时间经常去听课,希望能从别人那里获得人生的经验和事业的成功宝典。听了几节课后,我发现自己花了几百美元买到的并不是能够指点迷津的人生经验,而是一种在我看来十分危险的归属感——我对那个组织、对参加那个活动有了深深的依赖,形成了一种固定的习惯,好像每个周末不去听一次,就感觉不舒服。

于是我立刻停下来,问自己:"我听课的目的是什么?是找一个家的感觉,还是解决人生的实际问题?"答案特别明确,我从讲课的人口中收获到的仅是前者,一种心灵的归依,一个能发泄、提问,像家一样的地方。在这种情况下,失败的痛苦感减轻了,事业却没有实际的起色,因为"励志大师"不能真正地帮助到你。

从那以后,我再也没有为任何一种励志课程花过钱。这些利用人的心智漏洞进行洗脑、赚取金钱的"励志大师"和机构为人们提供了精神归属和寄托,用这些东西拴住"消费者",让人们觉得"有人和自己同在",好像终于找到了自己的归属及人生方向。

这是一种错觉。群体的归属感和前面的渴求一样,都有效地解决了我们的不安全感，使我们心甘情愿地付费。一旦我们觉得在一个地方有了安全感和归属感，就会自动地扎下根来，形成精神依赖。所以，破解方法就是及早地为自己明确思路，在事业、情感等重要层面树立一个值得追求的目标。如果你每一天的生活都很充实，也就没兴趣关注那些"妄图为你指引人生"的心灵鸡汤了。

○ 自知之明

现在，我可以和读者一起下个论断：像有些宣传平台极力鼓吹的拥有各种名号的"专家""权威"或"大师"等人的言论，大部分都是经过虚假包装的。他们宣称能让你用最短的时间成为营销大神、创业奇才，或者帮助你在股市快速致富，在生活中悟透哲理，却从不关心你的资质、资本和过去的积累。

可以说，"虚假宣传"是所有"励志大师"惯用的伎俩，他们自封各种称号，给自己打上各种标签，然后对你许下根本无法实现的承诺。要想摆脱这种励志陷阱，你必须有自知之明：

你要知道自己能力的上限和下限——最高能达到什么目标，最低能发挥出什么水平。

你要知道自己的优点和缺点——擅长做什么，不擅长做什么。

你要知道自己所能拥有的资源，能获得多大的支持。

知道这些，你才能判断"励志大师们"的建议是否是你需要的。如果你是一个"不自知"的人，那些充满欺骗性的逻辑和内容就会轻而易举地击垮你的精神，粉碎你的思考，剥脱你的质疑，解除你的武装，避开你的抵触，征服你的心智，控制你的行为，让你无法独立判断并向他们交出自己的精神世界。

○ 正确认识自己的心智

怎样才能正确认识自己的心智？

要知道，所有"励志大师"的观点和他们的方法论，都让你反思自己的内心、精神乃至灵魂。他们首先做的就是让你否定自己的心智——过去的思维模式，然后再把他们的思想灌输进来，取而代之。

当你赤裸裸地，甚至毫无尊严、没有底线地出卖自己以后，"励志大师"为你设计的突破自我的流程才能被你接纳，他像上帝一样站出来拯救你，这时你就被他成功洗脑了，对他只有感恩戴德。

正视自己的心智，接纳所有的不足："我的缺点、我的问题、我的需求是什么？"然后再看看是否需要他们的拯救。实际上，对一个经常自省的人来说，"励志大师"是找不到多少机会的。但如果你不能主动反思和构建强大的心智防线，他们就能找到漏洞入侵你的头脑。

无可置疑的真理就是你的药方吗

从小到大，我们在学校和书本上学到了很多知识、原理和法则，这些内容都是经过时间沉淀后公认的真理。

但是你会在人生的某个时段惊讶地发现，自己掌握了那么多知识、明白了那么多道理，甚至懂得了一些无可置疑的真理，仍然解决不了重大的问题，过不好自己的一生。

这是为什么呢？

德国诗人歌德在其不朽的名作《浮士德》中说过一句话，是他对真理发出的质疑："一切理论都是灰色的，只有生活之树常青。"歌德的意思是，你不要只盯着学到的理论，因为人类所有的理论、知识、体系与道理，都是为了解释或推演外部世界，都需要真实的生活作为基础。真理没有对错之分，但有适用与否的区别。

○ 没有无可置疑的真理，只有适用或不适用

当你信奉某个真理时，困惑就会随之出现。困惑和真理是伴生品，而不是高高在上的"大师"对你说的某些真理能够解决一切，这是永远不可能实现的。

美团网创始人王兴在清华大学时参加过舞蹈队，他光着膀子，缠着毛巾，在同学们面前跳来跳去，是校园的一个"异类"。后来他就考上了美国特拉华大学，攻读电子与计算机工程系博士，还没毕业，就跑回国内开始创业。

王兴是一个很会玩的人，他说："我玩了这么多年，发现了一个最深刻的道理，就是所有的道理都不靠谱——包括我讲的这个道理。"他还在硅谷学到了一句话：只有成长最重要，其他都无关紧要。他认为一个人如果陷在知识的锁套里面，停止了自我成长，人生就废了。不管创业还是生活，人都会遇到许多困惑，但是千万不要停下来花力气解决这些困惑，只要不断向前，获得更多的阅历和经验，困惑自然迎刃而解。

我们学到的知识和理论都能解决一定的问题，但它们不是万能的，也不能帮我们铺垫好未来。它们只适用于过去、当下或者某一个对应的领域的特殊问题，但人的成长是需要面向未来的。

○ 很多问题没有必要解决

在我看来，人要保证成长的速度，许多问题是没必要去解决的。你只需要不断地成长，让心态更成熟，让思维更理性，让自己变得足够强大，不被前进路上的琐事和解释不清的问题缠住脚步。到时，你回看来路就会发现，许多问题都是人生中的必然，就算解决了，也会出现新的问题。

当你变得足够强大时，这些问题要么会自然消失，要么已经不再是问题了。这也是我撰写此书的主要目的之一，是我对读者的倡导——让自己成为一个行动派、思考派，而不是真理派，我们的心智才能真正变得成熟和有智慧起来。

我的一个朋友说："当年我们都受限于认知的局限，抱着书本上的道理不放，以为那些就是对的；我们也迷信过前辈或投资学专家的建议和法则，以为他们说的问题就一定是问题，因此踌躇不前。但后来我们才知道，那些问题随着成长会变得不再重要，那些道理会随着时代的变迁而失去适用的意义。"

人生的成长、消费、学习乃至创业，对人的心智都是一种长期的考验，而且遵循着一个共同的规律，使我们必须经历三个阶段。

第一，懵懂的阶段。人们面对未知的一切，无知和无识，茫然不知所措，只能被动地任由各种问题宰割。这时，人没有知识，也没有学到什么真理，处于完全无知和迷茫的时期。人处于这个时期，是最容易受骗的。例如，你不学习文字，就不能读书；不学习金融知识，就无法精准投资；你不清楚市场情况，就分辨不出商品的价格是否合理等。

第二，认知的阶段。这时，人需要学习，也迫切地希望掌握知识，让那些拥有经验和握有真理的人引导自己。人们学习或创建各种数理模型，总结种种似是而非的道理或逻辑（或者从导师那里得到），进入了认知阶段。但这些真理、理论体系或者规律，并非真实世界的反映（部分是对的，但有部分是错的），只是我们没有经验，没有阅历，不得不依靠它们让自己变得强大、明智起来。

在认知阶段，人容易笃信一切书本上和"大师"口中的理论、法则及规律，就像在黑夜中找到了一盏明灯。为了验证它们的正确，我们有时会扭曲现实，只是为了让现实（事实）跟自己学到的理论相符。

当然，有些道理已经流传千年了，说它们是至理名言也不为过。但这些至理名言也有一个致命的缺陷：它们用来分析错误非常有效，却无法用来分析正确的层面。人类总结出的规律大多数时候只能指明错误的原因。

人们都有对别人指手画脚的习惯。一个再笨的人，运用他学到的知识，在别人的身上挑出几个错误来也是很容易的。这就是书本上的知识对于人心智的误导，导致了我们大脑中的普遍性错觉，总认为自己是聪明的，别人是愚笨的。

在这一阶段，真理就以一种奇怪的角色出现在我们的生活中，如果你无条件地相信它，你只能避免大部分错误，却无法让自己始终保持正确。

第三，实践的阶段。真理必须在实践中验证它的适用性，与我们的需要匹配起来。我们也必须在实践中总结得失，判断一个知识点、一个理论的正误。这时候，你可能就与创办美团的王兴一样，发现所有的理论全都是"不靠谱"的。经过长期的实践，付出一定的代价以后，你才有机会识破生活和工作中的许多心智骗局，洞悉那些高高在上、指点江山的人——他们的逻辑中到底隐藏着哪些试图给你洗脑的套路。

○ 试错，你需要有大的心胸和格局

对于一种理论或"励志大师"给出的方法，唯一靠谱的路径就是试错。不断地试错，以最小的成本找出它们的破绽，反过来总结适用于自己的规律。为了避免在连续性的试错中折戟沉沙，付出沉重的代价，我们需要一个大的思维框架和一个大的心胸与格局。它们是：

第一，你要以开放性的心态对待学到的知识，从不同的角度和观点去做对比。

第二，你要有充足的耐心检验它们的对错，而不是不假思索地拿来即用。

通过运用这两项原则，形成自己的独立思维能力。一个没有独立思维能力的人，走再远，其实他还在自己人生的起点，他的智慧仍然没什么成长。每一个人都可能被自己的惯性思维困住，成为思维兜售者的猎物。除非你主动打开它，向自己不曾涉猎的地方前行一步，用实践检验不同的知识，锻炼自己的思维，这时你的整个世界才会豁然开朗。

从愚钝到智慧，我们需要的是开悟；从贫困到富裕，我们需要的是选择；从依赖到独立，我们需要的是辨别；从知道到做对，我们需要的是践行。

经过试错，你就对真理拥有了审视与辨证思考的能力。一旦拥有了这种能力，也就有了俯瞰问题的全景视角。这时候在你的视野中，任何一个问题都有多种解释，任何一种现象的答案、选择都不是唯一的，而且你就有了自己的判断，可以发现如何选择才是对自己最有利的，并从这个过程中获得心智的成长与精神的自由。

别再幻想一夜暴富

有个人每天都盼着发财,他的书架上摆满了经济类和理财类书籍。他相信一夜暴富的奇迹,认为那些已经成功的专家和写下成功经验的人能帮助他实现这一目标。有一次他给我发来一封邮件:

先生,我看了很多经济类和理财类书籍,但让我困惑的是,当具体实施书中讲述的理论时,我经常碰壁。我运用书中的理论炒股票,研究K线,赚少赔多,差点把房子赔进去,这是为什么呢?

这个人写来邮件时,从书中寻求致富的经验已长达6年。他耗去了这么长的时光,如今只是一家民营公司的小职员,当然也许不久的某一天有可能凭资历晋升为部门副主管。他一直没有机会致富,更不用提暴富的可能性。

究其原因,是他的动机有问题,妄想不靠自己的努力,仅凭书里的理论便轻松改变自己的命运，通过捷径得到别人十几年才有的收益。但我们要想一想，世上究竟有没有"不劳而获"这种事呢？有没有人在不付出劳动的情况下，就获得财富或在事业上取得重大突破呢？

我们也可以这样问：那些拥有亿万家财的企业家，也是仅凭一些空洞的法则就有了今天的财富和地位吗？

看到这里，你一定摇摇头，不相信事实会是如此。此时你的心智是正常的，因为我们随便想到一位成功的企业家或投资大师，脑海中都会同时想到他们白手起家的艰苦经历或勤奋工作的工作狂形象。

苹果公司的CEO蒂姆·库克每天早上3点45分就起床，一直工作到深夜，苹果的员工会在黎明时分的4点30分就收到他的电子邮件。

Facebook的创始人扎克伯格认为自己熬夜熬到次日早晨6点到8点是一点也不奇怪的，因为这就是工作。

通用电气公司的首席执行官杰夫·伊梅尔特曾经表示，自己已经连续24年每周工作100个小时了。

当你放松警惕，迷信"励志大师"、投资课程的导师们为你指出的捷径，并为之支付一笔不菲的费用时，你就不再相信劳动的价值，也开始看轻努力能带来的回报，因为你关注的焦点全部放到了快速成功的捷径上，就像在商店门口的免费广告牌前停住了脚步一样。

此时，你要么忽略了成功者在成功之前的一段关键时期的劳动，要么就是根本看不见他们为了维持既有的地位和财富而付出的艰苦卓绝的努力。

○ 白吃午餐，总会付出代价

如果你想一夜暴富，就一定会付出代价，除非你只是"想想"而已。

比如，石油大王洛克菲勒在写给孩子的家训中有这样一条："白吃午餐的人，迟早会连本带利地付出代价。"他也曾经对儿子说："约翰，我今天的显赫地位、巨额财富不过是我付出比常人多得多的劳动和创造换来的。"

洛克菲勒抓住一切机会对自己的后代灌输正确的成功观和财富观，因此他的家族至今仍是美国最显赫的财团之一。对于财富有了健康的认识，一个人就不会铤而走险，投机取巧，或者相信那些"励志大师"洗脑之言的蛊惑，从而能拥有一个强大的心智，抵抗各种不健康言论和观点的入侵。

本书中讲到的庞氏骗局就是一个显而易见的例子。从经济学和投资学的角度来看，庞氏的所作所为非常符合快速成功的法则，这种生财之道无疑是以葬送自己未来的代价来换取短暂的荣光。虽然他仅用了数月，不费吹灰之力就积累了让人羡慕的财富，但最终为此付出了锒铛入狱的代价。

一步登天的幻想，成功的概率几乎为零。假如你一天中的大部分时间都在思索如何通过这种撞大运的方式致富，那就可以说，你的心智已经中了一种叫"一夜暴富"的毒，不知道哪一天就会上当受骗。

现实中，不少人都把赚钱当作成功，看到别人有车、有房、有别墅，就认定这个人已经事业有成了。然后他自己也想快速地去赚很多钱，成为一个有钱人。他甚至会走一些看似可以达成心愿的捷径，从形形色色的"大师"那里学习一些投机取巧的办法。很多人因为没能守住道德和法律的底线，最后成为阶下囚。

对于今天的工薪阶层和渴望成功的小人物而言，一个最基本的常识是：只要你脚踏实地，制订一个正确的计划并且能努力执行，就能得到真实而且与付出相匹配的回报。

巴菲特很小就立志在30岁时成为百万富翁，在之后的成长中，他从未忘记过自己的目标。从送报纸开始，他就把打工的微薄收入积攒起来。26岁时，他建立了自己的第一家公司。其后的6年时间里，他都是一个人单干，虽然收入不多，但因为复利效应，当年攒下的一美元，后来变成了几百美元，甚至上千美元。也正是因为这部分财富积累，他才开始放开手脚，在股票界大放异彩。独到的"劳动思维"和脚踏实地的态度，帮助他找到了致富的大门，成为一代股神。

我们在经济学角度研究人的角色，会发现人的经济行为其实是资本的人格化。要正确完成这种角色转换的重要标志，不是你掌握了多少真理，而是你能否树立对成功和财富的正确认知，愿意创造高效率、高质量的劳动，而非投机取巧。

其实只要你认真观察周围的人，就能找到那些值得你学习的对象。

他们愿意在已有的条件上多花心思，从不好高骛远，最后都收获丰硕。欲速则不达，越是想快一些到达终点，就越难快速抵达。没有很好的基础，一味求快，只能是一败涂地。

○ 凡事都有一个过程

马云曾忠告年轻人："别向比尔·盖茨、向我看齐，你会很受挫，要从隔壁卖饺子老奶奶那儿开始学。"他举例说，淘宝建立的前几天，根本没几个人访问网站；刚开张的第一个月，也卖不出东西，只能和同事自掏腰包，买下了卖家卖的所有商品，好让他们相信淘宝是能卖东西的。这种平静的心态对今天的奋斗者来说，是一个绝佳的榜样。耐心，是增强心智的一种必备要素。

所以，永远不要奢望可以一步登天，因为凡事总需要一个过程。这个过程就是保证我们可以安全、快速达成理想的最佳方式。你要想成为有钱人，就要从赚钱的第一步开始，勤勤恳恳、兢兢业业，从点滴的小事做起，从第一块钱赚起，直到建立属于自己的事业。如果你总是幻想一步登天，就可能被别有用心的人利用，为此交上自己的"智商税"。

Part 4

你的意见为什么
要从别人口里说出来

"智商税"：如何避免信息焦虑时代的智商陷阱

有些很普通的观点，为什么能感动你

美国有位名叫达兰特·海姆的演讲家，他住在洛杉矶的一个小镇上，深居简出，十分神秘。他每年举办60场公共演讲，每场只有1小时，主题通常与投资相关，介绍一些投资常识，分析股市和期货市场的走向，偶尔也谈谈自己对全球经济的理解。

虽然海姆的观点并不新鲜，但迎合了公众的心理，因而很受人们欢迎。重要的是，海姆的演讲生动有趣、简单易懂，与观众的互动也非常频繁。不到两年，他就成了洛杉矶的名人，吸引了数百万粉丝。

他的一位忠实粉丝说："海姆是一个无私的人，他向我们普及的金融知识和投资技巧都非常实用，但他的演讲从不收费，这是最让我们支持他的原因。"

然而到了第三年，美国联邦调查局和洛城当地警方突然宣布海姆是一个骗子，并很快逮捕了他。

原来，海姆在自己的公共演讲生涯中，私下接受了证券公司数十万美元的捐助，向公众针对性地推荐股票，引导或暗示人们花钱去购买。另外，让人感到震惊的还有，海姆曾因非法交易罪在十年前坐过牢，这一经历在他的简介中并没有记录。

这位大公无私、醉心于公益活动的演讲家，竟然是金融家的牵线木偶。他用一堆经过精心设计的废话感动了大批粉丝，诱骗他们进入金融市场的消费陷阱却浑然不觉。

○ 人人都渴望感动

谷先生是我在北京的一位邻居，他是做公众号的，据说有超过60万关注者，每篇文章的浏览量都能突破10万，转发量也是极为可观的。

我偶尔会读一下他公众号的文章，发现内容没有什么可取之处，或者说都是十分平常的观点，但为什么能吸引这么多人呢？

在谷先生看来，他成功地利用了人性的弱点——人们渴望感动。公众号所有的文章都遵循一个经过研究和设计的原则：贴心地煽情，从不指责读者，也不点出人们的问题，而是站在读者的角度去分析生活中种种现象的合理性，并告诉人们这就是人生。有时，即使犀利的观点和热点事件，他们也能从中找到人们的泪点，把它挖掘出来进行放大。

制造感动，这是如今大多数"意见领袖"成功的要诀。智慧并不重要，重要的是留下印象，让人们记住。大多数人现在已经习惯了"浅思考"，只要有人用一种愉悦的方式告诉他们结果，他们就会不加怀疑地全盘接受。

这就是公众面临的一个很大的心智障碍。只要你是一个容易被感动的人，就很难躲过这样的陷阱。

○ 如果你怀疑自己，别人随便一句话就能说服你

怀疑是人的天性，人们既怀疑别人，也怀疑自己。尤其涉及重大问题的判断时，出于对自身判断力的不自信，人们常常轻易地放弃自己的观点："我的想法很可能是错误的。"这时，人处于最易被说服的状态，别人随便一句话就可能让你改变立场。面对权威和意见领袖时，这种情况更为普遍。

对于不确定的问题，人们总是怀疑自己的立场和观点："我的想法对不对？"这没关系，但当你听到对方的建议时，千万不要立刻否定自己的思路，而要建立一种"辨证思考"的习惯："他的想法就一定对吗？"先怀疑一下对方，从相反的角度考虑和分析一下，再审视自我的观点。正确的思路往往是在"正反对比"中得出来的，而不是在不假思索的盲从中获得的。

仰望权威

当一个人能独立思考时,他的心智会变得极为敏锐。可一旦面对权威,很多人总是放弃自己的思考,无条件地追随。

对于权威,我们应该尊重,但绝对不能盲从,因为权威未必是正确的。就像今天的创业者对成功人士的崇拜:"既然他们都这么说了,那一定是可行的。"但他们的成功模式能套用在我们身上吗?如果确实可行,岂不是人人都能成为成功人士。但现实并非如此啊!

○ 自我思考很累,于是人们将思考的权力交给权威

很多年前,美国俄亥俄州辛辛那提联合铁路车站的灰泥墙上镶嵌了一幅壮观的壁画,画中生动地描绘了这座城市的优美风景。经过岁月的

变迁，火车站渐渐老化，墙体开始不稳固，很多人认为，这里肯定难逃被拆除的命运。

一些专家说："如果火车站被拆除的话，壁画是绝对保不住的。"的确，这是一个常识。大多数人听到专家的结论后都暗自惋惜。

然而，一个叫阿弗烈摩尔的人并不相信专家们的论断。他深知，要想在拆掉火车站时保存壁画并非易事，如果真要保全壁画的话，投入的人力、财力、物力是相当巨大的，但他觉得自己一定可以想到一个可行的保存计划。苦想一周后，他果然想到了一个主意——把那幅长达20米左右的壁画迁离车站。

他马上召集了众多有志之士，准备募集资金打造两座巨型钢架，一座钢架用于套住墙壁的正面，使画面免于受损，再用另一座钢架套牢墙背。之后要做的就是弄松墙脚，并用大型起重机把整个墙壁吊起。这样一来，壁画就能完整地迁移了。

阿弗烈摩尔是个不信邪的人，在大家都信服专家的论断，将思考的权力交给权威时，他没有盲目跟从，而是打破了权威的预言。后来，那片墙壁被放置在一个新盖的机场里，供往来的游人欣赏。

遇到复杂的问题，想出一个好办法是很难的。例如：股市低迷时怎么保全资金？像这类超出自己认知能力的问题，人们大都是"专家怎么说，我就怎么做"。思考这种问题很累，而且要自己承担后果，把决断权交给权威，从结果的角度讲，人们觉得胜算更大；从心理学的角度讲，人们推卸了自己的责任。

一味地迷信权威，我们就会丧失自我思考的能力，行动就会不自觉地被专家的论断束缚。当一群人都这么做时，就是勒庞所描绘的"乌合之众"——无数的聪明人成了几个专家的提线木偶。

不论任何事情，我们只要相信自己，坚持自己的想法，就能跳出常识的框框，避开权威为我们划定的线路，从而发现新道路。如果一个人能做到不迷信权威，不轻信专家，那么他的心智能力就能获得极大的提升。

如果人人都只会在权威的论断前沉默不语，那么这个世界就只会存在两种人：无数"傻子"和少数"聪明人"。

如果你将权威的每一句话都奉为金科玉律，并长期套用这种模式，不但会迷失自我，还会让别人觉得你是一个容易被人牵着鼻子走的人，失去自己最基本的判断力。

如果专家说你不行，你就认为自己不行，那么结果就是你一定不行；但如果你不相信专家的论断，反其道而行之，你就会有很大的机会改变事态，打破专家的预言。

○ 习惯性思维

几十年前，医学界权威人士根据人的肌肉纤维所能承受的运动极限得出结论：百米短跑的极限是10秒。人们对此深信不疑，长期奉为不可动摇的定律。

1968年，在墨西哥奥运会的百米赛上，运动员海因斯也相信人是不可能在百米赛跑中超进10秒的，他只想争取跑出10.01秒的好成绩。结果，他穷尽其力的这一跑，竟然突破了极限——9.95秒。

海因斯看着计时牌，摊开双手说了一句很有名的话："上帝啊！那扇门原来是虚掩的。"

1874年12月，柴可夫斯基创作出《第一钢琴协奏曲》，他请钢琴大师鲁宾斯聆听试奏，希望得到鲁宾斯的认可。可是，鲁宾斯将这部乐曲批评得一无是处，要求他彻底修改后再公开演奏。

柴可夫斯基很不服气："我一个音符也不会修改，我要原封不动地拿去演出。"

结果证明，《第一钢琴协奏曲》在美国波士顿的演出中获得了巨大成功。如果当初柴可夫斯基对自己的作品没有信心，又迷信权威，这支名曲很可能会被埋没。

与之相反的例子是科学家施特拉斯曼，1936年，他在用中子照射钡时，已经发现了裂变现象。但是，他相信物理学家迈特纳的判断，毫不思索地将这一发现扔进了纸篓。后来，当哈恩发现铀核裂变时，施特拉斯曼才意识到自己犯了一个大错——匍匐在权威的脚下，是不能取得创新成果的。

惯性思维让人们放弃了很多有价值的机会，更重要的是在惯性思维的主导下，人们更愿意相信"显而易见"的东西，比如大家都认可的权威。当你发现身边有一丝机会时，千万不要把决定权交给别人。你可以参考专家或意见领袖的建议，从榜样那里汲取经验教训，但不要轻易地认为不值得冒险尝试。

只有善于怀疑并独立思考的人，才是真正的聪明人。一个拥有健全心智的人，会有自己的思维方式，也许不能总做出正确的判断，但一定更有预见性。

○ 打破盲从，相信自己的判断

巴菲特说："人要相信自己的判断，而不是别人的。比如我的投资就完全取决于自己的判断，只要是我感觉能够赚钱的股票就一定会大胆地购买。"他之所以对所谓的专家意见嗤之以鼻，是因为他完全不相信有能够预测市场走势的人——包括他自己。

巴菲特曾经给投资者讲过这样一个故事：

有一个人拿出10张图片，让被测试的人选出他认为最漂亮的一张，然后看看哪位被测试者选出的照片能够得到大家的公认。所有的被测试者在听完了介绍之后，在选择时都放弃了自己的审美观点，都不去选择自己认为最漂亮的那幅画，而是考虑哪张图片是大家都喜欢的。

通过这个故事，巴菲特告诉投资者，没有人能预测市场的走向，因为这是非常荒谬的。在股市中，那些所谓的专家在进行投资判断时也会受到他人的影响，他的预测并不是自己的意见，而是综合了市场上所有观点之后得出来的。这就是专家和权威，他们之所以高高在上，是公众将其捧上去的。但就现实而言，他们的观点绝对不能作为人们的行动指南，只是反映了某一种可能性而已。你可以作为参考，却绝不能视若神明。

在电影《华尔街之狼》中，男主角乔丹·贝尔福特的入行导师——罗斯柴尔德公司的高级骗子，在形容人们有多蠢时说："没有人知道股价怎么变化，除非你是巴菲特，它就像仙气，什么都不是。所以让客户一边去，我们只负责把菜端上桌，赚取滚烫的佣金。"这说明巴菲特就是一个权威，但他开玩笑说："如果真的能够预测市场，那么即使我只有1美元也足以颠覆整个股市了。"

盲从是人们的惯性，因为他们不相信自己的判断。所以，只有打破这种惯性思维，才能在尊重权威的同时，保有自己的思想。就"权威"二字而言，它是我们心智防线面前的一座大山，必须鼓起勇气翻越过去，才能看到山外的风景。

第一，你要知道权威也会犯错，实践才是检验真理的唯一标准。

第二，不能因为大多数人的意见而改变自己的判断，拒绝随波逐流，才能越走越远。

第三，一定要有自己的思考，哪怕这个思考是错的。应保持一颗清醒的头脑和敢于怀疑的心，因为只有你自己才是决策的主人。

权威认同产生的社会基础

生活和工作中,当两个人争辩一件事或者一个道理的时候,如果其中一个人说了一句"某某某就是这么说的"(某某某是这一领域的权威),那么很快,另外一个人就会底气不足,不会再有过多的相反意见。无论之前他有多坚持自己的主张,此时都会开始怀疑自己的见解,大部分人都会如此。

为什么会这样?

这是因为,权威和普通人的可信度在每个人的心里是不一样的,就像一块金子永远比一粒沙子值钱。人们就是这么认为的,虽然这粒沙子里面可能是某种稀有的贵金属,实际价值比金子贵几十倍,但人们的常识无法改变。

权威之所以形成,是因为他们以过往的历史为凭证,展示了自己的正确性。这是一个漫长的阶段，通常被多次证明。所以对普通人来说，当你可以"多次持续正确"后，你也可以成为权威。社会对一个人认同的基础源于证据，这个证据一是来源于名气，二是来源于可靠的资历。

○ 群体的力量

群体是创造权威的主要土壤。投资大师索罗斯深谙此道，他纵横证券市场和金融领域几十年，有过无比辉煌的胜利，也有过令他沮丧的失败。对于群体思维，索罗斯说过一句话："股市在绝望中落地，在欢乐中升腾，在疯狂中结束。它周而复始，生生不息。"

全世界的股民都如同羊群一样，集体涌进了一个掘金场。他们一同绝望，一同狂欢，一同思考。他们的心智此时是一体的，是一种强大而虚弱的集合体，如同那些一致行动起来疯狂追求免费商品的消费者。

在一群羊的前面放一根木棍，等着它们走过来。只要羊群走到这根木棍前，你就迎来了操纵它们的机会，因为一旦第一只羊成功地跳过去，那么第二只、第三只也会毫不犹豫地跟着跳过去。无数只羊都会排在队伍的后面，等着跳过这根木棍。它们不知道为什么要跳这根木棍，只知道前面的羊跳了，自己也要跳；它们不会思考这根木棍的意义，同时也无所畏惧。

假如我们此时突然把那根木棍撤走，接下来会发生什么呢？短期内事情不会有改变。后面的羊没有发现木棍的消失，它们走到这里时，依然会向上跳一下再走过去。它们在学习前面的羊，前面那只羊跳了，所以它们也要跳。直到有一只羊发现了这个问题，它停止了跳动，后面的羊才会恢复正常。

这就叫作"羊群效应"。羊群效应在今天被各行各业的权威和商家广泛用于投资和营销领域，战果辉煌。在思想和心智层面，一个群体就等同于一个羊群，是低智化的"乌合之众"。

○ "随大流"的思维

人的心智具有羊群的特征——当人结成群体时，第一个特点是随大流。随大流的集体思维给了权威呼风唤雨的机会，人们快乐地向他上交"智商税"，并不觉得这有什么问题。

比如在现实中，我们很多时候都不得不放弃自己的个性去跟随其他人的选择，原因是什么？

第一，人们对自身的逻辑思维缺乏自信，更相信权威和专家的判断。他们觉得自己不可能对于任何事情都了解得一清二楚，但权威和专家是清楚的。换句话，人们在潜意识中觉得某一领域的精英无所不能，而自己必有缺陷。所以，对于那些自己不太了解或者没把握的事情，就会不由自主地相信精英的结论。

第二，人们对群体的行为具有天然的服从性，认为大家都在做某件事情，其中必有道理。在人们看来，多数人都同意且跟从的行动至少错的概率较低。因此，会抱着一种侥幸心理采取跟随行动。而这时，排在他后面的人也可能是这样想的。

在两种因素的共同主导下，持某种意见的人数的多少就显得非常重要，这是影响其他人是否会随大流的最重要的一个因素。在整个演化的过程中，权威或专家只是拨动了一下手指，说了一句话，或者指出了一个方向，不费吹灰之力，就轻而易举地让无数人达成了共识，站到了自己这一边。

异口同声的人越多，其他人就越难以坚持——哪怕少数几个人的看法是正确的，他们也很难坚持下去。因为很少有人能够在众口一词的情况下，还能坚定地守护自己的不同意见。我把这种现象称作"心智的逆淘汰"——聪明的个别人被愚蠢的大多数覆盖了。

由权威带动的群体对于个体总是具有无穷大的压力，它产生的是窒息感和绝不可违逆的驱动感。有时候，你不随大流就是异端，你的个人决定在群体意见面前如同巨浪下的一叶孤舟。做出与众不同的行为就意味着你对群体的背叛，没有人会原谅你，而且还会联合起来孤立和惩罚你。

这时候，对错并不重要，重要的是一致性。群体无限追求一致，这是几乎无法改变的特点。也正因为如此，构成了权威认同的社会基础，这是由人类的社会性决定的。

○ 无知，同时无畏

人们因为无知和无畏，对大家都认定的事情一往无前。我们可以形象地比喻这个场面：成千上万人打开自己的脑袋，割掉最聪明的部分，举在手上，排队送到墓场。"专家"说什么，他们就做什么，收取"智商税"的窗口永远人满为患。

在很多时候，群体的判断和行动并不一定正确，甚至很可能错得离谱。例如那些迷失在股市中的茫茫大众、在传销活动中一再上当的投机者、在庞氏骗局中缺乏判断力做着致富美梦的穷人。他们缺乏最基本的判断力，却不乏冲动和激情。他们人云亦云，喜欢跟风。一旦有人买到某一只赚钱的股票，就立刻蜂拥而上，最后一起赔个底朝天。

人们倾向于融入主流。种种现象都告诉我们，人们不肯背叛主流，倾向于融入群体，因此才被利用。挑战群体和主流思维的代价经常是难以承受的，它具有出奇的压力和令人恐惧的效应，这是人们无意识地降低心智来迎合主流的原因之一。

在最近几年中，我们可以从网络群体性事件中感受到这一现象。那些持有清醒立场的少数派在激烈的讨论和争执中会逐渐丧失自己的立场，丢弃原有的观点。他们不是被说服，而是承受不了被"主流意见"持续攻击的压力。

当整个群体都形成了某种一致性的"优势意见"后，个别的聪明人就只能顺从多数人的行为。比如,大多数家庭成员都决定参加商场的促销活动,即使你认为那很不划算,但也会因不想和家庭成员争吵而默默地同意,并跟在后面和他们一起去支付这笔"税单"。

○ 走到一边,保持理智

搜集不同的信息加以判断,说服相关人,采取正确的行动,是摆脱羊群效应,表达自身主张的重要路径。但与此同时,人们又会轻易地相信那些资讯媒体,希望从中得到判断的依据。

美国文化传播学家波兹曼说:"媒体通过特定的诱导性信息,可以轻松地操纵群体的行动,甚至可以决定性地控制群体的思维。任何一种垃圾和不良信息都可以迷惑他们,因为他们缺乏深入分析和辨别的能力,也没有时间和精力进行这种辨别。这样一来,社会性的、群体性的盲从行为有增无减,理性始终保持在一个较低的水准。"

如何摆脱这种强大控制,保护自己的心智不受侵害?

1.对于他人的信息不可全信,也不可不信

我们在任何情境中都必须及时地做出自己的判断,分析信息的可靠性。既不要轻易地否定对方,也不要轻易地采取跟随行动,而要保持审视与警惕。完全的"客观性"是难以做到的,但这样做能最大程度接近正确的方向,至少你不会做出盲从的决定。

2.不要试图改变大多数，聪明的做法是独善其身

做个明白人，又要学会适当地保持沉默。沉默的目的是减少冲突，避免被大多数人的意见裹胁。这是聪明的做法。现实中的很多人喜欢去说服别人，但往往在最初的坚持之后，迫于群体压力改变了自己的观点，或者经过了长时间的对峙、争吵、辩论，他们感觉索然无味，最后的选择也是屈从于反对性的意见。

改变大多数人是一件艰巨的任务，除非你是真正的权威，否则不要去冒险。我们永远无法拯救别人的心智，但能安静地保护自己。

重新解释"答布效应"

我们知道,每一个人都不是"纯生物性"的个体,而是具备强烈的社会性的人。在社会性的体制和环境中,每个人都扮演着一个角色。这给人们带来了生存的安全感,同时也让每一个独立的心智具有了社会化的属性,容易被"观念"和"习俗"改造。

什么是"答布效应"?"答布"是人类社会初期的一种生活规范。当时虽然还没有宗教、道德、法律等观念存在,但是人们在生活中已经混合这三种观念统一使用。史学家通称"答布"为"法律诞生前的公共规范"。

"答布"为什么能有这样一种效应呢?社会心理学家分析,这是因为原始社会的科学文化水平很低,人们对于所谓的神怪或是污秽事物有一种禁忌心理,认为如果触犯禁忌,便要蒙受灾害,所以必须远远地躲避它们、敬畏它们,而由这种信念所形成的习俗,就是"答布"。

在这种情况下，人们在参加社会活动时其行为必须服从于一定的公共准则，遵守集体性的行为规范。习惯并依赖集体生存的人类社会，客观上排除了异类广泛存在的土壤。从社会心理学的角度来说，风俗习惯一直是人的角色行为的"导演"，这让"意见领袖"的产生有了无限大的可能性——并且是人类社会一个不可消除的机制。

○ 客观存在的权威

社会心理学对人类行为研究的主要贡献之一，就在于它阐明了一个社会如何使其成员的行为遵从社会规范——风俗、观念、法律及权威的意见都可归入这种规范之内，而人们会自动地调整自己以符合其要求。社会是一个处处充满规范的体系，任何一个人都逃不过这些约定俗成的行为规范的管理，所有的社会成员都必须遵守。

这决定了权威必须且总是存在，他们塑造人的心智，也限制人的思考。从这个角度而言，"答布效应"在任何社会中都无处不在。比如你去商店购物、去股市投资、去买彩票，在做出决定的第一时间，大脑中都会参考隐形或显性的社会规范，来判断自己的投资或购买是否合理。

价格太高？——不符合市场行情，不买。

价格较低？——自己占了便宜，一定要买。

人们做出一个判断的依据是如此简单，不外乎权威标准从中起到了作用。现代社会中的"答布效应"相比过去有了演进，既包含狭义的规范，又增加了广义的权威效应和能够对群体造成影响的其他因素。狭义层面是指那些经过一定程序生成使之成为可见的条文，比如法律法规、道德规范和公约守则；广义层面则是指一系列的不成文的东西：

它们存在于人们的头脑中，通过舆论的形式表现出来，例如权威论断、风俗习惯、社会观念等。这些无形的规范虽然没有写进书面的条文，却渗透在每一个人的思维、心理之中，像一根根看不见的线驱动着人的行为。

做具体分类的话，大致可以分为：

1. 正式标准

由国家明文规定的规范，比如法律、某些规章制度和行为守则等。

2. 非正式标准

由公众自发形成的规范和习俗，比如衣服样式、言行礼仪等，如果违反，就会在一定范围的群体内受到众人的非议。

3. 行规

行业规范，比如你成为某一协会的会员或从事某一行业，就必须遵守该协会和该行业明文规定及约定俗成的章程。

4. 榜样标准

人们公认的模范人物所产生的道德观念、行为准则。

5. 地区性或群体性标准

某个地区或群体所特有的习惯和标准，比如少数民族地区或群体的风俗习惯、语言规范等。人们经常说的"入乡随俗"就是这一标准的体现。

无论哪一种标准，都向我们表明了权威化思想的普遍和客观存在，它在人们的社会生活中是一种标准化的观念，对生活在其中的个体发挥着角色规范和行为约束的作用。违反这些标准的代价是惨重的，遵守它们已经确立的标准则有利于安全。有了这个标准，个体在其中就明白应该做什么，不应该做什么，在什么情况下应该表现出某些行为，在什么情况下不应该表现出某些行为。

正因如此，许多聪明人聚到一起时犯下的愚蠢错误或做出的不智之举，才如此"合情合理"。

○ 共性和个性

当你计划采取适当的行动让自己摆脱"答布效应"的控制时，一个重要的原则是将自己的个性和群体要求的共性区分开来。"答布效应"让我们运用角色规范来"导演"自己的行为，甚至塑造自己的思考模式，它表现为社会对每一个成员的总体要求。这是我们已经清楚的，但它必须在法制观念和道德观念的规范框架内影响到我们，而不是不加以区别地统统遵守，乃至降低自己的智商。

第一：我们要遵守社会规范对所有的社会个体在宏观层面的共同要求。

第二：我们在此前提下要充分发挥自己的个性，提升知识和智力水平。

例如，你已经扮演起了年轻爸爸的角色，那么就应当懂得社会对于家长的一些特殊要求，成为一个合格的父亲，成为一个有见识和能够保护好孩子的父亲，不受社会上那些不良观念或错误教育理念的影响，使孩子更好地成长。这要求你遵守公序良俗，又要求你提高心智水平。这就是本书建议的共性与个性的结合。

○ 领导自己

如何自由地领导自己，是今天的社会对人提出的一个高难度的要求。我们既要表现出良好的"角色行为"，成为群体中合格的一员，又要表现出特殊和优秀的一面，彰显自己不凡的个性，发挥自己的智力。

第一：明白无误地知道自己"需要什么"。这个答案不能由别人（群体或权威）告诉你，必须是你自己内心的方向和主张。

第二：在巨大的争议中可以"坚持己见"。即使面临铺天盖地的反对意见，甚至是权威和专家的否定，也能保持头脑的清醒，充分认识并坚持自己的路线。

永远别忘记一点，我们的人生应该由自己主导。一个人聪明与否，不在于他学到了多少知识，拿到了多高的学位，而在于他能否自信地认识和展现自我，独立地做出判断，这样，才是一个心智健全的人。

Part 5

你以为自己在谈品位，其实是在缴"智商税"

想想看，我们的品位怎么形成的

○ 商业品牌是如何给人洗脑的

商业产品总能以你想不到的方式对你洗脑，而且大获成功。例如，几年前当禽流感这种传染性极强的疾病出现时，公众非常恐慌。但对市场营销人员来说，人们的恐慌反倒隐藏着巨大的商机。因为"恐慌"恰恰是可以利用的人性弱点。

"洗手液"的畅销是一个有力的证明。现在不管在家里，还是在公共场所，我们洗手的时候基本上都会用到洗手液。但在十几年前，洗手液少有人用，市场一直不大。它成功抢走香皂的市场，利用的就是人们在禽流感暴发时期极度的恐慌心理。

洗手液厂家是这么宣传的："要防止细菌的传播，就要勤洗手，但是香皂都是一个人用完了，另一个人接着用，很容易在人和人之间传播细菌。如果用洗手液，就可以避免这种接触。"人们听了觉得很有道理。于是，市场迅速打开，洗手液取代肥皂，成为人们的首选。

20年前，家里放一块好肥皂是讲卫生的表现。但今天，买一款好的洗手液则更有说服力。研究这个观念的变化过程，你会发现商业营销对人的心理状态的洞察是非常到位的。

为什么人的恐慌心理成了商业品牌的洗脑工具呢？

1.人在恐慌时，容易做出非理性决定

从基因的角度来说，我们天生就会感到恐惧——那些不容易恐惧的基因已经在漫长的进化过程中被逐渐消灭了。就像人在走夜路的时候，稍微有一点风吹草动，就会觉得害怕并四处张望。人在感觉到威胁和恐惧的时候，逻辑思考能力将会降低，容易做出非理性的决策。

营销人员就是利用疾病等负面事件引发的恐慌，见缝插针，宣传产品的"优点"，极大地提高了人们的购买欲望，因为这时候人做出决定的速度非常快，且不会进行慎重思考。

2.恐惧会激发人们的不安全感，刺激消费欲望

比如，有的人有狐臭，有一个销售除臭产品的商家先在广告中将狐臭说得十分严重，最后再推出自己的产品，告诉消费者，只要你用了这个产品，上述烦恼将全部消失。

类似的营销便利用了人们对于某一种事物的恐惧心理，来制造他们的不安全感。你最恐惧的问题是什么？他给你指出来，并夸大这一问题的后果，增加你的焦虑，制造强烈的不安全感："我该如何解决？"他会告诉你解决方法。

在很多时候，我们就是这样被商家洗脑的。所谓的"消费欲望"，其实只是我们为了掩饰某些不良情绪而自我创造的消费需求。

○ 你以为自己被重视，其实是在被市场细分

无数的（潜在）消费者共同构成了市场。企业通过专业的市场细分，确立了新生婴儿、儿童、青少年、成年人、老年人等分支领域。在这张市场构图中，每个人都能找到自己的位置，现代企业可以对所有类型的人进行精确定位。

企业借助种种方式——投放、关注、传播、口碑效应等对各个分支市场和不同人群进行专门的独特性营销。你觉得自己受到了商家的重视，实质上是被市场细分然后针对性营销的必然结果。这是一个很正常的市场，而且这个市场巨大，当然也商机无限。

就像现在新生婴儿产品卖得那么火，也是商家抓住了人们的心理。最让人吃惊的是，现在就连那些尚未出生的婴儿也已经成为品牌营销的对象。就是说，"品牌从我们在娘胎里时就开始营销了"。曾经有营销从业者说："过去我们常说从娃娃抓起，现在我们要改变想法了，要从受精

卵抓起。"这句话是如此现实，因为商家的目的是从你还没出生时就影响你这一辈子，这是一件很"恐怖"的事情，商家已对其运用到了极致。

○ 你以为问题得到了解决，其实是被恐惧营销

正如前面所述，恐惧营销就是企业通过产生（利用）恐惧来驱使消费者去购买（选择）可以预防（保护）风险（安全）的产品的行为。因恐惧而生的购买喜好是品位的重要组成部分。害怕落伍，因而追逐流行与时髦；害怕生病，因而追逐保健产品；害怕肥胖，因而追逐健身产品。

当你身体不舒服时，医疗、保健、保险等公司就会向你推荐各种经过包装的品牌，让你从中找到安全感，从而消除你对于恐惧的担忧。有的企业除了会给消费者制造危险之下的恐惧外，还会对消费者灌输对于污染的恐惧，例如空气净化器的广告，不厌其烦地向你播放空气污染对于人体的危害，直到你跑去购买。

○ 你以为找到了依赖，其实是在消费成瘾

渴望则是另一种消费需求，和恐惧一样，让人产生巨大的消费动力。精明的企业借助把购物和消费融入停不下的游戏等方式，让我们脑中的"多巴胺"长时间得到满足，并逐步形成固定的消费习惯，最终表现出一

种"消费成瘾"的状态。

在"消费成瘾"的状态下，人们再想要脱瘾就会相当困难，虽然没有了那些产品也死不了，但像痛苦的戒烟者一样，不抽烟总觉得缺少了什么，内心空空如也。

○ 你以为自己很有魅力，其实是掉进了需求的陷阱

我们知道，人都追求魅力，人们对异性和同性都有吸引力的需求。自身的魅力越大，吸引力就越强。魅力，这个词的背后有无限的市场。

有的商业品牌就通过营造性感而独特的魅力，来提升人们的自信感。例如，广告中的各种美女俊男，就是为了突出这种营销手段。现在的市场上，同一品牌的商品，基本都有专门针对男性或专门针对女性的产品，目的就是让消费者能够结合自己需求选购。商家在推广一些服装或其他装饰品时，着重强调这款产品对于人的魅力的增值，使得消费者认为自己拥有它就可以提升自己的个人魅力，实际上则是掉进了需求的陷阱。

有一种洗脑叫唤起需求

"需求"是人绕过不去的坎,这是人永远的弱点。

以我的朋友阿美为例,她是一个很有品位的女孩,对男人、生活等诸方面的要求都很高。因此她和她的男朋友分手时这么说:

"等你什么时候变成我想要的那种男人,我们再结婚吧!"

"哦,好吧。"那个男人痛快地答应。

但是仅过了一个月,两个人又复合了。原因是什么呢?

阿美的男朋友在这个月中只做了一件事,就是不断地给她买东西。但他不是随便买,而是针对她最喜欢的品类,每隔几天就送她一件礼物,有衣服、鞋子、电子产品、书籍等。就是这么简单,过了一个月,阿美对他的好感又重新苏醒了。他懂得她的需求,因此她就需要他,也会依赖他。

这个例子虽然并不正向，但在一定程度上表明，当今是一个情感经济的时代，满足人们的情感诉求已经成为市场营销不可忽视的手段之一。商家很关注消费者的情感生活空间，也善于满足消费者的情感生活需求，并成功绑定他们，使他们成为自己的忠实用户。

有一次，小李和两个朋友在一家餐馆用餐。买单时，小李拿着服务员开的账单核对金额，结果对账单产生质疑，他认为餐厅多收了他们的钱，于是叫来了餐馆当天的领班，让其核对。领班经过仔细审核后，发现问题出在一道"糖醋鱼块"上。

菜单上，"糖醋鱼块"这道菜是按每500克标的价格，但是由于小李他们没有认真看菜单，所以误认为鱼是按照份数来标价的，而餐厅所上的这道糖醋鱼是1500克，这就相当于多出了两道菜的价钱。领班并没有简单地向小李解释说是他们自己没看清菜单，而是主动向顾客表示，这是因为服务员没有提醒到位才造成了误会，将责任全部揽了过去。同时向经理请示，又经过经理批准，免去了小李1000克的菜款。

小李知道自己也是有责任的，对此感到过意不去，同时也被餐馆周到的服务所感动。之后，他便经常带朋友光顾这家餐馆。

这家餐馆的领班和经理显然都是很精明的。对于餐饮业而言，经营成功的关键就在于令顾客对自己产生好感并长时间地拥有好感。一家餐厅想要赢得这种持续的好感，其管理者和服务人员自然就要学会观察顾客的需求，从人们细微的表情变化中发现他们的满意之处和不满的地方，同时还要根据顾客的表情来为他们提供及时的服务及化解不满。

在这个过程中,消费者既主动(有提出要求的权力),又被动(被动接受商家的引导式服务)。对那些容易感动的人来说,当商家把细节做得很好时,他们就会轻易地被说服,并成为回头客。只要你无法控制自己的需求,你就永远摆脱不了商家或者他人有目的的洗脑,以及对你的心智发动的针对性渗透。

越是禁止的东西，人们可能就越想得到

罗密欧与朱丽叶的故事出自莎士比亚的经典名剧。剧中，罗密欧与朱丽叶相爱，但由于双方家庭为世仇，他们的爱情遭到了极大阻碍。但压迫并没有使他们分手，反而使他们爱得更深，直到殉情。就是说，当出现干扰恋爱双方爱情关系的外在力量时，恋爱双方的情感不但不会消失反而会加强，恋爱关系也因此更加牢固。对于这样的现象，后人便称之为"罗密欧与朱丽叶效应"。

这一效应不仅发生在男女的爱情之间，也会发生在很多方面，例如生活、工作和消费中。人们对于越难获得的事物，越渴望得到，它在人们心目中的地位也就越重要，价值就会越高。有的学者以阻抗理论来解释这种现象。他们指出，当人们的自由受到限制时，会产生不愉快的感觉，而从事这种被禁止的行为则可以消除这种不悦。因此，才会发生当

别人命令一个人不得做什么事时，他却会反其道而行之的现象。

人性本身就是如此。人在外力的强制条件下，很容易产生对立的情绪，很可能出现反抗作用。例如小孩子，你越不让他出去玩，他就越会偷偷出去；有些电影、书籍、文章被列为禁片、禁书和禁文后，人们反而趋之若鹜，这也是"罗密欧与朱丽叶效应"的体现。原因在于人们更愿意进行自由选择，对于限制和禁忌的东西，反而觉得神秘、有趣、充满诱惑，激发了自己的叛逆心和反抗性，也就越发地想尝试一下了。

20世纪90年代初，中国很多省市都建起了和西方各个发达国家制冷机企业联营的中国电冰箱制造厂。那个时候只要打开电视，就能看到阿里斯顿、利勃海尔和飞利浦等众多冰箱品牌，品牌的集中使得市场饱和，最终导致价格跳水，各个冰箱厂家为了占领市场，纷纷提高产能，降低价格，大打价格战。这种情况直接导致了"多米诺骨牌效应"，消费者也因为冰箱的价格多变，广告铺天盖地，反而降低了购买欲望。

这时候，海尔冰箱做了一件非常精明的事情：他们砸掉了一批冰箱以表示质量第一的决心，同时又控制产量，让市场进入到一种"饥渴状态"——人们发现海尔冰箱很难买到，顿时对海尔冰箱产生了强烈的兴趣。由于不突击产量，不降低价格，海尔冰箱的质量没有受到成本大战的影响，反而在很短的时间内顺利实现了对中国电冰箱行业的绝对占领，形成了一枝独秀的局面。

第一：当期望值和难度被提高时，人们反而更想拥有。通过罗密欧与朱丽叶的故事我们发现，越是得不到的东西，人们就越是觉得珍贵。这一点被商家大加利用，想办法提高了人们的期望值和得到的难度，促使人们渴望拥有他们的产品。在生活中，这种现象比比皆是，商家明明有货，却积而不发，不断地做广告造势，让消费者长时间处于焦急期待的状态。最终当产品推向市场时，销量就会井喷。

第二：警惕饥饿效应，理性看待自己的需求。现在很多广告商和厂家都在使用类似的饥饿效应。在生活、工作和消费中，我们要始终保持清醒的头脑："我是不是真的需要这个产品？"不要为了"并不需要的葡萄"而去挤入跟风的队伍。因为自己"吃不到的葡萄"不一定是酸的，也不一定就是甜的。

放下面子，挤出水分

我们在做一件事的时候，十有八九都有"为了面子"的考量。比如特地挑选昂贵和有档次的衣服，尽管你的经济能力并不足以负担；去参加同学聚会，特地租一辆昂贵的汽车，只为了获得昔日同学的溢美之词；你与别人讨论问题，明明不懂，却说自己在某本书中读过……

这些打肿脸充胖子的事，其实并没有为我们带来实质性的好处，只是让我们获得了一种虚荣的快感而已。换句话说，脱去衣服、丢掉汽车、坦白你的无知之后，别人可能根本不认得你是谁。但为了面子，人们却乐此不疲地玩着一场又一场的虚荣游戏，以至于被商家利用。

很久以前，有一个小和尚，他年纪虽小，但善解人意，天资聪明，这也为他招来一些麻烦。

有一次，一位商人邀请当地寺庙的和尚到家里做客，小和尚也被邀请了，可是小和尚所在的寺庙非常穷。

宴请那天，来了很多僧人，他们大多都是被弟子抬着轿子送来的，袈裟闪闪发光，显得很气派，唯独小和尚孤身一人，穿的袈裟还是打补丁的。

每个接受邀请来的僧人都可以得到一笔善款，可轮到小和尚时，商人的管家却将他拒之门外。"这是相国寺的小和尚吗？怎么像个要饭的孩子，去去去，一边去！"尽管小和尚一而再再而三地解释，商人的管家还是没让他进去。

就在小和尚不知所措时，他的小师兄为他送来了崭新的袈裟，他说："师傅猜到你一定会被人刁难，就派我过来了。"

有了袈裟，小和尚顿时有了底气，他灵机一动，又找了几个穷人，请他们做自己的贴身侍卫。

经过一番装扮，小和尚也变得和那些僧人一样气派。这次小和尚没有被阻拦，他神气洋洋地对商人说："看看吧，这些人都是我带来的侍卫，请您也赏给他们一些银两吧。"于是，这些穷人每人都分到了一些钱。

宴请宾客时，商人摆了一桌子荤菜，要求小和尚必须吃，可小和尚怎么能破戒呢？

这时，小和尚把袈裟脱了下来，认真地叠好，并把荤菜放在旁边。他对商人说："你请的人就是我，可我穿得破一点，你就不让我进来。我换了漂亮的袈裟你就放我进来，人分明是同一个人，看来您请的是袈裟，不是我,所以这些荤菜就让袈裟吃好了!"

其实人生原本可以轻松一些,既然清楚别人认同的是你根本没有的东西,要么努力让自己真的拥有,要么就干脆不要好了。与其用心地伪装自己,做一个虚情假意的人,不如扯开面子,挤掉包装的水分,坦荡荡活出自己该有的样子,这才是真正有智慧的表现。

○ 许多聪明人都死于要面子

严介和说:"什么是脸面?我们干大事的从来'不要脸',脸皮可以撕下来扔到地上,踹几脚,扬长而去,不屑一顾。"

任正非说:"只有'不要脸'的人,才会成为成功的人。"

巍巍说:"为了面子坚持错误是最没有面子的事情。"

爱面子的代表非项羽莫属。项羽兵败之后,被刘邦追赶到乌江边,原本他可以坐船逃走,重整旗鼓,有朝一日东山再起,但他却因"无颜见江东父老"自刎而死。乱世中一代枭雄,却看不穿面子的问题,实在令人惋惜。

"不要脸"的代表非汉高祖刘邦莫属,堪称鼻祖级的榜样。汉高祖刘邦40岁发迹,从一无所有到坐拥天下,最拿手的事就是"不要脸"。无论处境好坏,他都奉行能屈能伸的原则,从不高看自己,只要有才能的人,不论背景、身份都招至麾下,结果笼络了大批人才,最终成就一番伟业。

其实能成就大事的人，都是不在乎面子的。那些商业大佬们，哪个没有点"没面子"的过去？马化腾当年创立QQ的时候，扮成小姑娘和别人聊天；刘强东2006年找汉能资本融资100万，为了给员工发工资，三个月后又去了，想融资800万，结果没人理他；马云创立阿里巴巴的时候，四处找投资，碰壁无数才得到了孙正义的援手……

我们可以想象，假如这些大佬们当年因为一点面子问题就放弃了，今天引领时代和潮流的还会是他们吗？

成功是不看谁做事最有面子的，只看你为了成功能多么不要面子。这是聪明人都知道的道理：面子不能当饭吃，反而是累赘。

○ 面子是提高心智能力的第一道障碍

有些人很聪明，但放不下面子，事事都要强调自尊心，狂妄自大，一点都不讨人喜欢；而有些人虽然智力平平，知识储备量有限，但从不避讳自己未知的事实。面对未知的事情，他们能做到不耻下问，而不是不懂装懂，这样的人给人以坦诚的感觉，反而令人尊重。

我的一个邻居，靠收废品起家，现在拥有三家公司，市值数千万。每当他在公众场合演讲时，还会时常被人问起当"破烂大王"的过去，但他总是摆手一笑，完全不在乎。当年，他们家里孩子多，他小学没毕业就外出谋生了。起初的他，捡废纸，扒垃圾箱，后来开始收酒瓶子，收二手家电，一步一步建起了属于自己的第一个废品收购站。听说他是收破烂的，连媒婆都不愿意给他介绍对象，家里人也让他去干点体面的活儿，哪怕少挣点儿。他父亲更是爱惜面子，在一次争执中，把他轰出了家门。那是大年三十，那时他爸已经卧床好几年，医药费都是他捡破烂挣来的。如果当初他碍于面子，自尊心极强，听从了旁人的建议，怎会成就如今的大事业？

要干大事，就不能把面子看得太重。别人嘲笑几句，翻几个白眼，除了讨厌一点，对你又有什么影响呢？

过于爱惜面子的人，是把自己看得太重，过于在乎名声和荣誉，反而难成大业。

身边一些创业者，创业初期雄心壮志，誓要干出一番大事业，完全准备好了接受肉体上十年如一日的加班酷刑，但就是精神上没做好准备。别人的反对声与质疑声，便使他失去了定力，甚至还与那些瞧不起他的人结了仇。结果，创业之路还未开始，心中的黑名单已经列了一大串，殊不知这些人可能是他的合作伙伴。

在创业之路上，他人的几句风凉话，并不会对创业道路产生实质性的阻挠。如果抗精神击打这一关过不去，创业是进行不下去的。

做大事、想成功，首先要做到丢弃面子，不再把面子问题当成问题。做个务实的实践者，拿出不怕丢脸的勇气来。

不怕丢脸不是去做那些见不得人的事，而是别太把自己当回事。遇事做到能屈能伸，勇于承认错误，没办法就去想办法。不要被拒绝就后退，被反对和质疑就翻脸，要敢于争取自己的利益，学会承受"羞辱"。

朋友去开发票，他要的是增值税专用发票，但对方开出来的是增值税普通发票。

询问柜台的服务人员，却被冷冰冰地回应道："我们这里从没开过这种发票。"

朋友却笑嘻嘻地说："你们这里能开，我以前开过。"

软磨硬泡半个小时，票终于开出来了，数额只有21块钱。

我怀疑地看着他："为了21块钱低三下四，值得吗？费那么多力气，还遭受了白眼，我可做不出来。"

朋友回应道："做生意嘛！一块钱也是钱，要开源节流，要脸又不能帮我省钱。"

这个世界不会看任何人的面子，唯有成功，才会有面子。而在这之前，你要学会看所有人的脸色。所以，面子是成功之后才需要的东西，在成功之前，我们要努力做事去赢得面子；而成功之后，才可以用面子去做事。

如果你不了解自己，就会被人牵着鼻子走

你真的了解自己吗？坐到一个僻静的地方想5分钟再回答这个问题。我们每天和不同的人打交道，试图了解每个人：

你知道上司一听到某些事就发脾气，有些话绝对不能当着他的面说。

你知道隔壁小赵是个心软的人，有时甚至善良过度，被人利用。

你也知道你的好朋友刀子嘴豆腐心，嘴上喜欢骂你，却是最关心你的人。

……

你好像了解每个人，但自己遇到问题的时候却总是拎不清，这是为什么？最大的原因是你根本不了解自己。

一个女孩想离开交往了三年的男朋友，因为他不思上进，游手好闲，连正式的工作都没有。她找到闺蜜大吐苦水，决心与男朋友不再纠缠，

希望闺蜜能给她打打气。谁知闺蜜冷哼一声："你根本不了解你自己，你做不到的。你要是能离开他早就离开了，何苦纠缠这么多年。每次你想离开他时，都会输给他的跪地求饶，结果都是一样的，和好如初！"女孩却对闺蜜保证："这次不一样，我下定决心了。"一个月以后，闺蜜在一家商场看到了她正在挽着男朋友逛街，两个人又一次和好如初，好像一切都没发生过。

很多时候人们并不了解真正的自己，无法衡量自身的上限与底线，却总是高估自己的决心，想象自己面对任何事情都可以做到快刀斩乱麻，不被任何人和情绪牵制。事实上，美好的想象总经不住现实的考验。因此，生活中才有那么多今天发誓努力，明天继续懒惰的人；也有那么多觉得自己无所不能，其实一无是处的人。这些问题很多人都存在，顺利时以为自己被运气和机遇傍身；不如意时又把自己贬低得如同泥沼，认为人生无望。

如果对自己没有相当程度的了解，没有准确的定位，缺乏判断力，很容易被外界的人、事、物和内心的一时冲动牵着鼻子走。那些容易被人挑拨离间、耳根子软、靠别人的鼓舞和评价活着的人，其实都是不了解自己的，他们以为自己明辨是非、善良坚定、不受干扰，其实根本不清楚自己的能力到底在何处，只能通过外在的对比才能有所认识。

我的表哥，聪明过人，总能牢牢地掌握住我的"命脉"。小时候他经常以"兄弟之间互助互爱"的名义，怂恿我去做他自己想做却不敢做的事，单纯的我一直认为只要去做表哥"吩咐"的事，就表达了自己对他的敬重，所以老老实实地当了表哥很多年的小跟班——他让我讨厌谁我就讨厌谁，让我喜欢谁我就喜欢谁。

我的母亲严重地警告过我，不要再去按照表哥的意思做那些蠢事，天真的我还曾反驳我的母亲，声称"我有自己的主意"。因为表哥太过"了解"我了，而我也总是经不住表哥"威逼利诱"，最后还是乖乖地接受他的指示，受他的影响。随着年龄渐长，我学了心理学，才明白自己以前根本没有主张，自以为能看穿表哥的那些"读心术"，不会被利用，但表哥在控制我这件事上总是花样百出——因为他了解我的每一根软肋，而我对此却一无所知。

这段成长的经历让我体会到，一个人如果不够了解自己，身上会暴露出很多弱点。好心的人会提醒你把这些弱点修补好，如果是别有用心的人呢？他们会利用这些漏洞，利用你的善良与真诚，继续欺骗你。所以，有时间好好"照照镜子"吧！别害怕解剖自己，剖析自己的过程也许会感到沮丧，但唯有了解自己，你才会活成真正的自己。

○ 做一个冷静的现实主义者

你也发现了吧？那些后来被现实狠狠打脸的人，都是因为没有正确地认识自己。他们或许清楚自己的优势，了解自己的短处，却对自己的能力上限没有清醒的认识。当麻烦来临时，它所攻击的并不是我们的耐心、勇气、狠劲儿，而是我们的理智。无论你多么糟心，多么焦虑，也要让自己冷静下来，仔细分析利弊，做出对当下最有益、最理智的决策，而不是去听那些不成熟的意见。

我认识很多创业者，他们既是理想家，也是现实主义者，但就是不够冷静。北京有位张先生，几年来一直被客户拖欠业务款，导致资金链即将断裂，公司贷款还不上，天天有人催债。亲戚朋友知晓这件事后，纷纷献计献策。他们都说："先把手头的工作停掉，赶紧去讨债吧！把钱要回来再说。"但张先生没那么做，他把债务问题交给律师，自己去想别的办法周转资金，该进行的工作照常做。

张先生的想法很冷静，他也想赶紧把债要回来，那可是一大笔钱，解决公司的问题绰绰有余。但问题是，债务纠纷哪里是那么容易解决的？他自己又不擅长要债，除了跟对方协商、扯皮，抱怨世道险恶，对解决问题没有任何实质性的帮助。况且，公司眼下的经济困境不能等，把希望寄托在讨债上是最不理智的事。如果把所有的精力都用来讨债，可能钱没要回来，业务也荒废了，公司也就关门大吉了。最后除了证明自己是个彻头彻尾的失败者，所做的那些事没有任何意义。

美好的憧憬和期待，可以有，但不要抱太大希望，毕竟你无法得知一切是否会顺利，你只能把握自己能把握的，做自己必须做的，不再被过去的错误决策羁绊，从现在开始做正确的事。

○ 如何欣赏自己

"你有过在绝境中灰心丧气的经历吗？否定过往的一切，你的成绩、你的优势、你的勇气……好像你成了这世上最失败的人，成了毫无用处的傻瓜，那些年都白活了。"

这段话是一个正在伤心失意的朋友发给我的。她最近经历了失恋和失业的双重打击，还被骗了一大笔钱。那段日子，她每天都在否定自己：

"我30岁了，没房、没车、没存款。"

"我长得不漂亮，还不温柔，没男人喜欢我。"

"工作这么多年，竟然不知道自己擅长什么，我这几年都在混些什么？"

"我一定是眼瞎了，为什么碰到的都是渣男，我都怀疑是不是我自己出了什么问题！"

……

事实真是这样吗？在我看来，朋友漂亮、自信、独立、工作能力强、有上进心，而且很善良，完全是个优点一大堆的人。但她并不愿意相信，而且怀疑我在恭维她，因为她觉得自己很差劲，连普通人的水平都算不上。

这个故事里有没有你的影子？觉得很迷茫，很失意，做什么都感觉自己不配？其实，你并没有自己认为的那么差，只是跌到了人生的谷底，突然失去了欣赏自己的能力，进入了心灵成长过程的"自我否定"阶段。这个时期，人们会痛恨自己，对过往的"自我"怀恨在心，心情极度抑郁，情绪消极。只有掌握一定的方法，安全度过这个时期，心灵才会进入觉醒、振作、疗愈、接纳、开悟的阶段。

那么，我们该怎么做才能振奋起来呢？

第一，理性思考。让自己的理智发挥中立作用，别去钻无用的牛角尖。分析一下自己正在经历的问题，寻找解决方法。

第二，寻找"我很好"的证据。回忆以往做出的成就，比如第一次拿到奖金、唱歌被别人夸、拿下一个非常有挑战性的订单……这都是"我很好"的证明。

第三，接纳被伤害的事实。人在抑郁的境地中，难免胡思乱想，需要在别人的帮助下才敢独自面对痛楚，但无论怎么倾诉，最终我们都要接纳已经发生的事实。只有接纳了过去，才会勇于面对未来。不如把过去的都当成一种经历，当成命运的馈赠，坚强起来。

第四，欣赏自己。在上面那些步骤完成之后，你会发现自己平静了很多，质疑减少，反思居多。为了帮助自己振奋，你要进入欣赏自己的阶段。欣赏自己在面对糟心事时表现出的耐心、勇气、信心和不放弃。相对于以前的自己，你是不是更成熟内敛了？是不是成长了？是不是学会淡然一笑了？这一切，都会促使你变得更好。

○ 为自己而活，就不会被攻破心智

读书的时候，我们总认为好好学习是为了不辜负父母的期待，为了老师的升学率，长大之后才明白，那是一段最清楚无疑、为自己而活的时光，因为所学的一切都进入了自己的脑子，而不是别人的脑袋；毕业之后，走向社会和工作岗位，我们跟同事比谁加班多，跟同龄人比谁先结婚生子，以为这是为了自己而活，后来才发现，其实这才是为了迎合别人的眼光和看法而活。

我们做了很多事情，但并不是"我认为我需要"，而是"别人觉得我需要"。

我认识一个美国朋友，他是建筑专业领域的专家，然而他小时候最大的梦想是成为一名诗人。他的父母和老师皆认为他在数学方面有过人的天赋，因此从一开始就强制断掉了他的文学念想。这些年来，他顺从父母的意见，将自己变成了厉害的数学天才，心底却始终无法认同这个身份，并患上了严重的强迫症，后来因为轻微的人格分裂还进过精神病院。直到现在，他都认为自己应该成为惠特曼那样的诗人，而不是一个只会算数的数学疯子。

这是我见过的最严重的因为活成"别人期望的样子"，而导致心智被攻破的事。我们大多数人，同样活成了别人期望的样子，只是没有疯掉而已。我们不敢失业，不敢追求自己的兴趣，不敢放弃任何一个机会……因为违抗世俗的代价太大，为了免去那些指指点点，风言风语，顺从地或被动地跟随大流，这样的选择反而是最安全的。

所以电视剧里常出现这样的情节：一个将死的老人卧在病榻上，身上插满了管子，回忆自己的一生，最遗憾的就是放弃当初的梦想，去追逐毫无意义的"成功"。

在电影《被嫌弃的松子的一生》中，女主角松子一生都在为别人而活：小时候做任何事都是为了讨得父亲和妹妹的欢心；工作之后做事的准则不遵循是非曲直，而是以维持同事和学生之间的良好关系为目的；离家出走之后，她的人生都是在为各种各样的男人而活。最后的结局，松子孤独地死在了一个被垃圾包围的小屋里。她的一生，为很多人而活，唯独没有为自己活过。

松子的一生让人又怜又恨，同时也让人从心底里发出悲鸣和恐惧。我们大多数人，在面对该做什么、不该做什么的问题时，第一个念头常常是"别人会怎么看"，而不是"我为什么要这么做"，人们畏惧别人的眼光甚于畏惧失败，所以才活得卑微而没有主见。

为什么要听从别人的安排呢？你做或者不做，做得好不好，都跟别人没有关系，别人不需要为他们对你的看法买单，最后要承担后果的是你自己。因此，为自己而活吧！人生只有一次，学会爱自己，别让任何人干涉你的人生。

Part 6

无处不在的逻辑陷阱

为什么你总是被说服的那个人

人们在参加辩论时很容易有一种感觉，自己仿佛变成了一个傻瓜，一直摇摆不定，以至于忘了自己最初的立场。那么，你有没有思考过这个问题——你是如何被别人说服的？

我曾认真观察过一些辩论类节目现场票数的变化，最后发现了一个有意思的现象：

人们最不容易被逻辑和智力打动，最容易被煽情的话语打动。

这表明人们在现实生活中是喜欢和享受"被煽情"的。选手都给你讲他的心里话了，你怎么能不听呢？怎么能不信呢？甚至选手还没有说完，你就已经感动得泪流满面，准备坚定地支持到底了。所以在这些节目中我们会看到，理性的选手往往无法走到最后，经常很早就被淘汰，而擅长讲故事的选手则可以坚持到最后。

○ 屡试不爽的心灵鸡汤

公众往往很喜欢心灵鸡汤类故事。在很多企业中，精明的企业家总会向员工描述美好的蓝图，让他们暂时无视现实并努力奋斗，为团队的发展做出贡献。虽然有时候"煲鸡汤"的人拿不出实现美好蓝图的实际方法，换句话说就是企业的前景难测，但这不影响员工的奋斗精神。

古斯塔夫·勒庞在《乌合之众：大众心理研究》一书中写道："群体没有推理能力……不能辨别真伪或者对任何事物形成正确的判断。群体所接受的判断，仅仅是强加给它们的判断，而绝不是经过讨论后得到采纳的判断。"

再回到辩论节目。高明的选手在台上是如何运用逻辑手段的？他们先果断地指出对方的错误，再用自己的方式给这道辩题下一个定义，然后从各个方面反复论证自己是正确的。对台下的听众来说，短短几分钟的时间想识破其中的逻辑陷阱是困难的。这时，如果再有心灵鸡汤类的内容，人们接受起来就更为容易。

但这些胜出者的观点就一定是正确的吗？当然不一定，是他断言自己是正确的，并成功地说服了听众。听众并没有形成自己的判断，所以听众（生活中的大部分人）总是被说服的那一个，却很难说服任何人。

人们在听鸡汤的时候，最明显的问题是大脑失去了判断事物的能力。对方的判断标准登堂入室，接管了你的思维中枢。你开始不由自主地跟着对方的判断标准走，所以，被对方说服是很正常的。

○ 你的判断标准是什么

面对任何人的言论，我们要做的是——永远不要忘记自己的判断标准，一定要坚持己见。虽然这很难，但你要时刻捍卫这一原则。从辩论和心灵鸡汤的威力看，我们能够认识到煽动的力量，有些人就是擅长忽悠和说服别人，而你需要学会的是"反煽动"的能力，给心智的窗户加上一把锁。

一个人有了独立思考和正确判断的习惯，就不会轻易地被说服、被煽动和被洗脑。当然，被说服也许并没有什么，人有改变自己看法的权利。比如，随着成长、环境和境遇的变化，我们都会无数次地回望从前，感觉过去的自己是可笑的，不断地改变自己的观点，但这一定是出于你的"自我判断"，而不是因为别人的言论。

所以，当你遇到有人想说服你，或者读到一段心灵鸡汤时，别急着接受，先问问自己："这符合我的判断标准吗？"

○ 为什么你会被决策

你有没有过类似下面的这些经历：

被别人说服买下了一些东西，回去之后才意识到这些东西是可买可不买的。

听了某个自己很敬佩的大V演讲，当他提到某本书的时候，自己就立刻去购买。

看到一篇文章推荐某种抗衰老的药物或食物，于是便买来天天吃。

上司给自己安排的工作比部门其他同事的工作量大，工资却一样，当上司认为这是"锻炼你的能力"时，你就很高兴，觉得受到了重视。

听朋友说做某种生意或者投资某个项目能赚钱，看到了他的"成功案例"之后，你也投钱去做。

看看这些事情，我们在生活和工作中都似曾相识，也都有过被别人引导做出某些决策的经历。为什么你会"被决策"而不是成为决策的主导者呢？期间发生了什么是你不能抵抗的？在被引导时，我们接收到的是别人想让我们看到的信息，或者是别人想让我们推理出某种结论的信息，但你为什么没有及时感知？

这是因为，他们搜罗和提供的信息都有一些正面的特点，逻辑也是经过伪装的。但是信息和逻辑本身并不能100%地推导出他们告诉你的结论，其中也隐藏了一些重要因素——挑挑拣拣、断章取义或者经过了加工。

我们都知道，在做出决定时，要尽可能从不同的角度思考问题，不能依据极为有限的一点信息，就急于做出决定。但我们有的时候会懒于思考，希望有人能把结论直接放到我们面前。于是，有人便用巧妙的方法阻止你去关注某些特定的信息——也许是至关重要的信息,让你相信和接受了一个特定的结论。

○ 至关重要的逻辑

说服者的逻辑都是存在陷阱的,而这也是至关重要的。如果你能够针对眼前发生的事情提出一些问题,或许你就能找出很多重要的省略信息,击破对方的逻辑,挖掘出被隐藏的东西。因此,在做出决定之前我们必须思考的问题是:

"有什么重要信息被省略了吗?"

你要反复地询问自己这个问题,对呈现出来的信息抽丝剥茧,梳理出它们的逻辑关系,发现背后真正的意图。

例如,下面是一则简单的广告:

某某品牌的祛斑洗面奶能够祛除95%的深层污垢和油脂,使用1个月,你的斑点就会逐渐淡化;使用2个月,你的斑点就会淡到仅若隐若现;使用3个月,你的斑点就会消失不见。

广告商再把这段文字加上几张祛斑前和祛斑后的照片或视频做对比,一定很有诱惑力吧?你是不是忍不住要把这个洗面奶买回去了呢?但是停一下,别急着放进购物车,先考虑一下这段广告词的问题,它有没有被你忽视掉的重要信息?

首先，这个品牌的洗面奶能够祛除95%的深层污垢和油脂，那么其他品牌的祛斑洗面奶效果如何呢？有没有这个可能：其他品牌的祛除效果可以达到99%？

其次，斑点的来源分为很多种，有晒斑、老年斑、缺水性斑、妊娠斑等不同类型的斑点，祛斑得采用不同的成分，那么这个洗面奶，主要是祛除哪种斑点的呢，真的适合你吗？

再次，如果这个洗面奶真能达到广告上所说的那种祛斑效果，那么它还需要打广告吗？为什么要花重金推广？为什么平时没有听说过它？

最后，这个洗面奶的成分会不会对皮肤造成伤害，比如说让你的皮肤变得干燥？

看，现在你发现了吗？一个动人的广告其实省略掉了很多关键数据。说服力虽然很强，但如果要购买的话，你还是需要这些数据作为最重要的判断依据。这就是一个逻辑漏洞，你只要能冷静3分钟，就能看到它存在的破绽。遗憾的是，现实中的消费者可能连1分钟也冷静不了，就急忙下单了。

○ 不要代入，坚守你自己

有些事情，即便别人可以做，你也未必能做。理解这个问题很难吗？稍微清醒一点的话，一点都不难接受。但现实中人们对于类似的说服套路却缺乏抵抗力，面对别人的建议，经常不加以分析，不结合自己的情况，便遵照而行，结果当然是不理想的。

比如，有一位专家曾写下一篇《9个理财方法让你在二十多岁成功买下第一套房》的文章，推荐年轻人采用他提出的方法。这个题目当然很诱人，在你的朋友圈里面也一定有大量类似的文章。如果刚好戳到了你的痛点或者需求点，你可能就会看一看，也许还会如饥似渴地学习，然后如获至宝，马上照办。

这位专家的文章给出了9个理财方法，而且每个理财方法都以当事人的具体做法作为案例来佐证其有效性。从心灵鸡汤的角度来看，这是完美的励志，但从实用的角度来看，我只能说，别人用这套方法能够做到，你却不一定能做到。

例如文中提到的一个方法：去海外留学，同时做好在当地赚钱的准备。

问题来了：

去海外留学需要具备哪些条件？

有多少人能够具备这样的条件？

去海外留学的基本费用开支从哪里来？

要在当地找工作赚钱，又需要具备哪些能力？

不同的兼职工作能赚到的钱不一样，你想要赚多少？

如何在学业和兼职工作之间寻求平衡？

我们把专家提到的9个理财方法全部看一遍就会发现，他说的方法其实都是正确的，也是可行的，假如你确实能运用好这些方法，的确能够提升自己的理财能力，或许也能赚到大钱，发家致富。但问题是每种方法只有在你具备了某些条件的情况下才会真正有用。

也就是说，文章的代入感让你觉得自己行，但离开文章设定的背景，回到你的世界中时，"你自己的条件"未必是适合的。因为这些结论是建立在一些假设条件的基础之上的，如果你不具备这样的条件，那么结论也就很不合理了。

所以，对待任何观点、结论和逻辑都不要代入进去，而要坚守你自己。在自身的基础上做判断，才能得出符合自身现实需求的结论。

○ 对我们有利的逻辑

例如这个问题："我们要做一份与自己梦想有关的工作。"其成立的前提条件是：你要清楚自己的梦想是什么；你要有能力找到一份工作；社会上有和你的梦想相关的工作供应。

那么想一想，如何行动对你才是有利的？在做出决策之前，你可以先安静地思考一下这个决策能给你带来的"收益"，在什么情况下才能实现？或者说，需要满足哪一些条件才能实现？这才是一种有效的思维方式。

当你被"逻辑绑架"时应该怎么办?

你可以先评估一下别人给你的信息,思考一下如果按照对方说的方法去做,能否达成自己想要的结果。思考的过程总会让我们受益,因为你有可能发现一个更加值得自己努力的方向。

另外,那些力图说服你的人,他们也会尝试使用"情感绑架"的方式,来打消你的好奇心和探索欲,鼓励你仅仅依靠情绪反映来形成一个最终的选择,做出符合其目的的决策。这时你需要做到的是,不要代入,坚守你的立场,不要让那些向你供应"幻觉"的人成为你的主人。

伪装、分散注意力和欺骗

在本书的写作过程中，我的一位朋友刚好被骗走了2万元钱。他是大学教授，阅历丰富，典型的聪明人，但他还是被骗了。这起不幸的事件，又一次告诉我们人的知识水平和心智防御强度是不成正比的。

故事的经过大致是这样：

"那天我午睡刚醒来，到书房打开电脑QQ，看到有个人找我聊天。那个人的QQ图像和昵称跟我一个朋友一模一样，因而我很自然地以为这个人就是我那位朋友，就很信任她，放松地跟她聊了起来。

"她先套近乎，说她正在国外出差，即将回国，要不要帮忙带点东西。凑巧的是，我的那个朋友也是经商的，到国外出差也很正常。我就说不用，没什么需要帮忙带的。然后她就让我帮忙预定一下回国机票，我就打电话去问。

"电话那边的客服说'票有，预订需要先付钱'。之后，骗子就说她的外汇使用额度已经满了，不能使用外汇付款了，所以希望我临时帮她一下，给了我一个账号，我就转给了她2万块钱。我在QQ上问她是不是本人，她说是。

"期间我给通讯录上这位朋友打了几个电话，都是关机。不过这并没引起我的怀疑，反而更坚定了我对她在国外的这个判断。钱转完之后，她又说她的一个朋友也需要买机票回国，能不能再帮点忙，借点钱。幸好我没钱了，要是有，应该也会被骗走了。过了几个小时，我才突然意识到事情不对劲。"

在这个骗局中，朋友的问题就是上了"伪装骗局"的当。这也是现实中非常常见的骗局，利用了人对于朋友的天然信任和不设防的特点，突然袭击，在人尚未启动心智防御机制的窗口期施骗，得手后迅速消失。

○ 逻辑伪装和心理欺骗

前不久，我到南方一个地方参观，听一位企业家讲到了当地的一些骗局。

1.你喜欢金子吗

那天我在看店，有个人说他家挖到金子了，需要买个行李箱装金子。他还说要跟我分金子，问我要不要金子。我那时头晕晕的，忍住没要，说老板不在,你等会儿再来吧。等了一段时间,他还真来了。然后老板说要报警,就把他们吓走了。这种骗局都是跟你分金子,用假金子套你现金。

2.诚信欺骗的心理游戏

有个人到一个农民家里,说他有点草药需要寄存一下,说这个草药卖得好,草药价格多少,如果卖了,你只要给我成本价就行;不卖的话,他过两天来拿。过了一段时间,果然有个人来收草药,价格很高,农民就把草药卖了,赚了不少钱。

之后寄存草药的那个人又来了,见农民把草药卖完了,于是又放了些草药在他这,说让他代理一下,盈利平分。很自然地,收草药的又把草药收了。第三次,那个人就说,你看这草药很赚钱吧,你要不要多进点,这次我只收成本和一定利润;我要去外地做生意,需要钱,草药卖了你肯定有钱赚。

然后那个农民把积蓄和前段时间赚的钱都拿出来,买了草药。但是收草药的人再也没来……其实,寄存草药的和收草药的都是一伙的。

这些事后看来很幼稚的骗局,为什么人们相信呢?有的受害者说,当时他就像喝了一碗迷药,脑子迷迷糊糊,想的全是占便宜、赚大钱,感觉是被对方成功地忽悠了,什么都听他的,自动地掏钱。更形象地说,就像是做梦。他们在梦中浑然不觉,梦醒时才知道是假的,自己受骗了。

逻辑伪装和心理欺骗,是建立在骗子的信息优势和逻辑能力较强的基础上的。他们知道某些被骗者不知道的信息,同时能巧妙地将这些信息组织起来，便创造出了听起来十分可信的谎言，使我们乖乖上当，这就是逻辑伪装和心理欺骗的威力。

○ 怎么从假话中发现真实信息

哲学家康德说，讲真话是一个人的"完全责任"，人是决不能说谎的，即使是在被迫的情况下。他举了一个例子，朋友问你他的衣服好看吗？你觉得不好看，但不想表达出来。应该怎么说？康德说，你不能说"这件衣服真好看"（因为这是谎言），但你可以说误导性的真话——这件衣服很特别。如果朋友是一个脑袋天真的人，他可能很兴奋，误以为你在夸赞他的眼光。

我们身边有许多这样的家伙，他们听到什么就是什么，从不对别人的话进行深入分析。

不过，有些人则比较聪明，于是就有了另一种经过特意包装的假话。比如患者询问医生病情时，医生基于技术性的考量，觉得这人活下去的希望不大。但从人道的角度，需要鼓励一下，医生总是这么想，他有时候必须欺骗一名绝症患者，于是会说："只要配合治疗，有积极的人生态度，还是很有希望的。"

患者如何从医生的"技术性谎言"中听出真相，得知自己真实的病情？他们应该这样想："我的病情既然无恙，医生总得告诉我具体康复时间吧，比如需调养3个月，或入院1个月？"有经验、熟悉医院工作风格的病患都会知道，医生向来喜欢危言耸听，对病人极少好言宽慰。那么，凡是安慰病人要态度积极却不说具体病情和疗程的，可能意味着病情十分严重。

有一些假话是不具备现实伤害性的。比如在一些特定的场合，隐瞒信息、告诉他人错误的信息并不构成欺骗。但对更多的人、更广泛的场景而言，我们有辨识假话的现实需求。

记住，与欺骗联系在一起的是信任，信任是对他人可能行为的一种"赌注"。多数人被欺骗，都是由于信任对方。比如我们信任餐厅的厨师，相信他不会在食物中下毒；我们信任自己的妻子或丈夫，相信她（他）不会在自己睡着时举起菜刀。由于信任的对象是人的行为，所以在给予信任或回收信任时，我们会对他人的行为有一定的预期。

这表明，要提升辨识假话、保护自己的能力，就得收回一些过度付出的信任。当别人以伪装的方式分散你的注意力时，你要保持一定的警惕，想想他的动机。这不是出于天然的怀疑，而是为了减少被骗的概率。

○ 自我挫败

一般人在被骗后，会有一种自我否定的感觉："我怎么这么笨？"他为自己未能识破诡计而懊恼，从而产生消极的情绪。

但从心智博弈的角度讲，受骗者不是输给了信任和乐观的期待，而是自己的心智防御模式不够健全。把信任视为人际关系、商业交流的基础是对的，但你不能将之当成全部。在成人世界，欺骗（即便是善意的）是一个普遍的现象。不论是语言或逻辑的欺骗，几乎都随处可见，广泛存在，即使在家庭中（相爱的伴侣之间）也不能避免。

欺骗的存在，首先是由于人心复杂，难以推测；其次是利益相关，可以低成本地获得更多利益；最后是因为学习、模仿是人的本性，将模仿用于不当用途就会形成欺骗。现如今，多样化的欺骗形式，针对人的心智漏洞的欺骗手段更是层出不穷。除了常见的骗取名利、窃取隐私、诱导犯罪等目的也越来越多。可以这么说，欺骗正消磨着人们对社会的信任，对商家的认可，也消解着人们对越来越透明的未来生活的信心，并由此产生强烈的挫败情绪。

但是，因为上过当、受过骗，你就不再购物、交朋友、谈生意、热情帮助别人、上培训课了吗？显然不应如此！为了不再被别人精心设计的套路欺骗，除了不贪图小便宜、不爱意外之财之外，我们要用积极的态度修习防御之术。

第一，增加对这个社会的了解，洞悉骗子是怎么骗人的，进而增强防护能力。

第二，不要自我否定，保持自信。因为自信是一个人形成成熟逻辑力的基础。

一个完整的金融骗局是什么样的

今天我们看到的各种商业骗局和金融营销的生态链条、核心思路都是一致的，设计的逻辑基础无不是利用人们追求金钱和一夜暴富的心理。在这个逻辑链的开端，我们看到的是人心和人性对于财富的欲望；在终点，则是落花有意，流水无情，每一个精心编织的骗局都曲终人散，没有例外。

○ 现金贷和在线理财

首先需要讲到的是现金贷，也就是线上高利贷。随着互联网金融的兴盛，越来越多的人掉进了现金贷的陷阱，本来想十分方便地借几千元周转，结果却掉进高利贷的大坑。这是令很多人后悔不已的事情。严格意义上来说，现金贷不是骗局，但打着方便快捷旗号的小额高息贷款，相比银行具有手续简单、门槛较低和审核快速的优点，却无形中引诱用户重复借款。看似没伤害，实则伤害至深。一旦逾期，它的真面目就会立刻暴露出来——高昂的罚息让用户的债务雪球越滚越大，甚至从几千元滚成几十万也不罕见。

建议是除非特别急用——我的意思是缺钱救命，在保证可以及时还款的前提下尽量少借或者不借。

再说线下理财。线下理财区别于银行的柜台理财模式，本书讲到的线下理财是由民间机构成立的各种理财公司。他们的商业逻辑是低投入、高回报，但背后的套路是以相对高息吸引资金，许诺高收益的同时，资金却不知道跑去了哪里。尽管已经爆发过多次的线下理财公司"关门跑路"事件，我们依然能在各大城市的街头看到各式各样的线下理财门店，人们还是趋之若鹜。幸运的是，现在民间的线下理财已经被国家定义为非法。

建议是坚决不要投资民间公司的线下理财产品，尤其要提醒家中的老人和身边的朋友，如果需要购买理财产品就去银行等正规的金融机构，而不是随便见到一家门店或者看到高回报的广告就相信。

○ 金融传销的套路

所谓的金融互助、数字货币、购物返本等骗局都属于金融传销，它们的共性和所有的传销是一样的，都是新人拉旧人，许诺不切实际的回报，然后上线骗下线，构成一座层层叠叠的金字塔。回报用户的分红都是后来者的本金，本身便是彻头彻尾的骗局。参与者要么是被高收益诱惑，天真地认为自己能发财；要么是明知骗局，却觉得自己不是最后一棒，想加入其中骗后面的人。但不论怎么想，他们最后的结局都是血本无归。比如购物返本，它的模式是邀请用户在线上商城购物，许诺多长时间返回本金甚至还有更多的回报，吸引人不断地买东西（价格远高于价值）。实际上，要不了多久这些平台就会卷钱跑路。

建议是要对投机式的金融产品免疫，凡是此类金融产品统统列入黑名单，想都不用想，绝不参与。这是避免交"智商税"的最好方法。一旦你开始思考诸如"也许能赚钱"的问题，你就掉进了他们设计好的逻辑陷阱。

○ 概率的骗局

以概率来诱惑人们参与的骗局模式非常简单。首先是低成本，一次消费可能仅有5元，买不了吃亏也买不了上当，很多人都是这个心理：赌输了损失不大，赌赢了却是一笔巨款。可实际上，中奖概率不但极低，游戏规则也是被精心设计好的——保证绝大多数参与者不可能拿到超出投入成本的回报。你看到总有人中了大奖，但那个人总不是你。

建议是把花费的时间、精力统计出来，想想这么宝贵的时间能不能做点更有价值的事情？即使非要去买，也别把它当作发家致富的途径——偶尔消遣是好事，较真就会输。

○ 对赌协议

你在网上看到的很多交易所其实都不正规，其涉及的门类如贵金属、原油、邮币卡等存在巨大风险。你会发现，他们的业务员经常给你发广告，并许诺高额回报，诱惑你去开户。他们会告诉你交易有多么灵活，风险有多么不值一提，回报有多么诱人可观。他们也会让专业的"老师"带着你操作，不断建议你加大资金量，直到你赔个底儿朝天。你的钱全赔光了，他们的佣金则一分不少。

实际上这就是一场对赌游戏，因为交易软件可能被后台人为操纵，交易所、会员、代理商层层设置陷阱，在行情处于高位时你不能平仓，本该下跌的价格在交易软件上却直线飙升，让你一头雾水。要想从中赚到钱几乎是不可能的，你亏损的钱都被这些代理机构赚走了。

建议是如果你不懂这些投资模式的内情，不清楚里面的规则，也没研究过市场，就不要涉足这些投资。话说回来，如果你是行家，就不可能找这些机构代理了，也不会相信他们的说辞。因为他们知道你的底牌。原则就是，不要做自己不擅长的事，更不要委托不正规的机构管理你的钱。

○ 被骗者的共性

1. 金融骗局的共性

许诺给你违背常识的高收益，比如远远高出正规金融机构的最高收益。

商业模式无法支撑高收益，因为高收益往往来自别的投资人或者下线。

老板、管理层或机构创始人的底子不干净，一般都有案底或不良记录。

背景和实力很差，没有金融牌照，而且都喜欢号称是上市公司或即将上市，但你根本查不到相关记录。

2. 被骗者的共性

遇到高收益的诱惑就变得不理性。

不了解商业和财富积累的基本规律。

不专业，看事情过于表面化。

盲目相信别人，遇到了不负责任的客户经理或者理财师。

建议是不要相信任何高额收益。财富只能逐步积累，而不是一夜暴富。在考虑理财营销人员的推荐时，不要单纯看他/她对自己是否热情和亲近，更要看对方是否足够专业和负责，尤其要做好背景调查。

心智模式，决定你在金字塔中的位置

有一位太太多年来不断地抱怨对面的邻居懒惰："那个女人的衣服永远都洗不干净，她晾在外面院子里的衣服总是有斑点，我真不知道，她怎么连洗衣服都洗成那个样子。"

这位太太每天唠叨，直到有一天某位朋友来做客，才发现原来不是对面的太太衣服没洗干净，而是这位太太家的窗户不干净。这位细心的朋友拿起一块抹布，把窗户上的灰尘擦掉，然后说："这不就干净了吗？"

这个例子告诉我们，心智模式，本质上就是我们看待世界的一面窗户。

○ 心智模式决定我们如何看世界

美国作家彼得·圣吉在其著作《第五项修炼》中这样描述道：

"'心智模式'是根深蒂固于心中,影响我们如何了解这个世界,以及如何采取行动的许多假设、成见,甚至图像、印象。我们通常不易察觉自己的心智模式,以及它对行为的影响。"

为什么同一部《红楼梦》,每个人从中看到的都不一样?不是故事变了,而是因为每个人都有不同的心智模式。不同的心智模式会带来不同的视角,不同的视角又会带来不同的看法。就像鲁迅先生评点的:经学家看见《易》,道学家看见淫,才子看见缠绵,革命家看见排满,流言家看见宫闱秘事。

所以,决定我们思考、观点和行为的关键,就在于你如何看自己、看他人、看这个世界。换句话说,我们的心智模式是怎样的,看到的世界就是怎样的。心智模式决定了我们生活的世界,也决定了我们对待世界的方式,当然也决定了我们头脑中的智慧。

你以为理所当然,可能大错特错。很多时候,我们习惯依据自己的"窗户"选择性地看世界(人有自己的立场,这是人的本能),然后收集证据去证明自己所看到的是对的,采取的是一种自我验证的思考和行为模式。但现实却经常挑战那些你认为理所当然的看法。在现实面前,你终究会发现:那些主宰你生活的,原以为毫无疑问的看法,其实并不是那么可靠。你以为自己看到了世界,其实你只是看到了自己的窗户。

有一位社会心理学家做过一个很有意思的测试。他采用了三种不同的话术在取款机前取钱的队伍中插队,这三种话术对应的插队成功的概率分别是：

"对不起，我得取个钱，能不能让我先取，因为我要赶火车，快来不及了。"成功概率为94%。

"对不起，我得取个钱，能不能让我先取。"成功的概率是60%。

"对不起，我得取个钱，能不能让我先取，因为我要取钱。"成功率93%。

从测试中可以看出，当我们加上"因为"这两个字的时候，大部分人都会同意，"因为"后面的内容是什么并不重要。这是由人们心中的"理所当然"的思维方式决定的，人们本能地觉得只要对方讲出了原因，自己就只能倾向于同意而不是拒绝，因为对方是有理由的。

这种思维方式让我们在生活中得到了很多好处，比如在做决定时可以更快速、更省时。可在某些特定的情境中，却会让我们产生错误的判断，掉进别人精心设计的圈套。

心智模式影响着我们如何了解这个世界，更重要的是，影响着我们如何采取行动及基于什么来采取行动。它既是我们对周围世界如何运作的既有认知，也是对生活、工作和消费的思考依据。每个人都有自己的固定行为和思考模式，它们构成了我们的心智，是一种潜在的本能反应。要改善心智模式，就必须破除这些根深蒂固的本能习惯。

○ 改善心智模式的6种方法

1.自省与反思

自省是改善我们心智模式的核心原则，也是最重要的方法。通过自省，我们得以发现自己内心深处隐藏的成见、假设、逻辑、规则，并对其进行有效性检视。另外，自省能让我们以开放的态度接纳不同的意见，反思自己的错误。

2.获取并审视新的信息

外界的信息时刻在更新，通过获取新的信息，我们可以了解新的思考逻辑，掌握新的思考路径，形成新的思考习惯，修正自己过去的价值观和行为导向，不断优化自己的心智模式，让思考和行动更加有效。

获取新信息的主要方式就是学习，不仅可以通过阅读、听讲获取新的知识，也要扩大人际交流，向其他人学习，尤其是接纳和欣赏差异性，积极地向与自己看法不同的人学习。在学习的过程中，要善于总结和反思，对信息进行整理归类，不要全盘接收，要从中吸收对自己有益的东西。

3.不回避和隐藏问题

在信息泛滥、人心浮躁的时代，当老办法行不通时，我们按照原有的规则得出的看法就显得不伦不类，问题也就产生了。这时，要敢于做出调整，不要回避和隐藏问题，而是积极地面对问题，认真分析原因，反思自己的心智模式。这是我们个人学习、提升的重要的方法。

4. 破除"路径依赖"

破除"路径依赖"的主要方式是更换和适应新的环境（定期或不定期），让新颖、鲜活和丰富多样的体验不断冲刷、冲击，甚至冲破我们可能落后和固化的心智模式。这样便有助于改善个体的心智模式。因为一个人如果长期在一种熟悉的环境下工作和生活，思维就逐渐固化，很难产生新的灵感和新的观点。我们需要有意识地创造条件，让自己在各种环境下工作、生活，从中学习新的知识，借鉴新的思考模式，领悟新的道理。

5. 选择性的观察

我们要养成选择性观察的习惯，而不是因循守旧，抱着固有的信息和参考不放。当我们心里有了某种想法之后，通过选择性观察，就能找到更多能印证自己这种想法的事例（正面和反面的），从而坚定或否定自己的判断。也就是说，当有了新的资料以后，我们就能进行新的推论，强化或者改变自己的判断，以此来优化自己的心智模式。

6. 持续的"修炼"

改善心智模式最关键的前提是自我持续的修炼，这是其他要素无法替代的，外界的条件只能起到一些促进或者激发的作用。

总的来说，我们要对当下的逻辑、环境和情势的变化产生敏锐的觉察，然后通过新的视角获得和解读新的资料，而新的资料是生成新的心智模式的必备原材料。当然，改善心智模式的各种方法从本质上讲，都是一种自我持续修炼的过程，也是一个深度学习的过程。

我们每个人都有自己的心智模式，并且每时每刻都受到它的深刻影响。如果你不能驾驭自己的心智模式，就会反过来成为它的囚徒。只有善于驾驭并持续改善心智模式，你才能成就一个全新的"自我"。即使不能变得十分聪明，也能少交许多"智商税"。

Part 7

信息时代，
你有多久没好好想想了

为什么越弱智的诈骗手段，就越有人相信

如果我们去街头调查，随便问一个路人："你喜欢被人骗吗？"答案肯定都是否定的。没人喜欢被骗，人们被骗之后，除了对骗子的愤怒之外，更多的是对自己的不满：我为什么没有看穿对方的把戏？我为什么这么蠢，到底哪里出了问题？

随着信息的发达和技术的进步，骗子的伎俩也越来越多，这是一个非常有趣的现象。骗子自古就有，因年代不同、地方不同而有变化，但只要人性中存在无知和贪婪，骗子便不会消失。比如在互联网时代，凡是那些开口新概念，闭口大趋势，每天都在四处混圈子而且夸夸其谈的人，基本上可以认定有"骗"的嫌疑。

同时我们也发现一个问题：骗子群发的短信为什么毫无逻辑和专业水平呢？诈骗短信的内容都是经不起推敲的，比如"我是某富商的私生子，但需要你热情赞助我去继承巨额遗产的机票钱，回头我会分钱给

你。"正常人都能看出其中的猫腻，为何骗子仍然把它一遍遍地群发出去，且同一种手段"经年不衰"？

疑惑就来了：他们为何不编一个高明点的故事？

要知道高明的故事更有欺骗性，弱智的故事则在轻视人的智商水平。但恰恰是这种弱智的手段，反而有大批的人相信。

从骗子的出发点思考，你会发现他们的做法是一种最佳选择，因为就是要用这么弱智的故事先筛掉那些贪婪但不够弱智的——牢牢定位贪婪而又弱智的群体，即心智毫无防护能力的人。凡是根据短信提示回电的，意味着骗子接下来的诈骗行为有极大的成功率。

这就可能被收"智商税"。相信的人一定会交这笔"税"，正是由于这些人的无知、贪婪才会上当受骗，拦都拦不住。例如许多新闻中讲到的，受害者去银行给骗子汇款，柜台人员和保安不论如何苦口婆心地劝告，都不能让他清醒。

要想避免被这类诈骗手段欺骗心智，最关键的是不要被"表面信息"所诱惑，并战胜内心的无知和贪婪。核心原则是相信常识和逻辑。

○ 相信常识

生活中有很多常识是亘古不变的，就是一些不证自明的东西，多了解这些常识，有助于我们以此作为判断的依据。

1.有些客观事实是不变的

什么是客观事实？诸如水往低处流、生老病死、日夜交替、地球有吸引力等。这些事实早已经过严密的论证，是不可能改变的。如果有的人做出超越这些客观事实之举，比如告诉你树上结出了金子，不论如何雄辩或者概率如何离奇，都不要相信，直接判定为骗子。

2.充分了解事物的本质

任何事物都有其特定的本质，没有什么可以通用的学说，也没有哪个人能通晓万物，或者用其他定义来代替。就像水是水、油是油、植物是植物和动物是动物等。假如有人告诉你金融就是互联网，或者经济学和成功学可以混为一谈，你就要警惕了。他不是在给你洗脑，就是想骗你掏钱。

3.任何一种价值（获益）皆有成本

没有免费的东西，别想着白占便宜。凡是有价值的东西，一定有成本，可以打折，但不会免费。这是一种基本常识，因为天底下不存在免费的午餐，甚至也并不存在"物美价廉"——你看到的物美价廉，往往没有影响利润的大小，只不过是成本有所削减。所以当你看到完全免费的东西时，要想到这是羊毛出在羊身上的商业模式，最终一定会付出相应的代价。

○ 不合逻辑必有问题，超越常识就是骗局

提高心智的防御能力，最基础的武器是"逻辑"。所谓的逻辑，就是那些必然的规律和理性的思考步骤、推理模式。凡事皆有逻辑，有因才会有果，实至才会名归。比如"不劳而获"就是违反逻辑的，"天上掉馅饼"也是不合逻辑的。不合逻辑则必有问题，人一旦抛弃了理性逻辑，盲目、冲动、感性思考，就容易上当。

遵循逻辑，相信常识，是保护心智的有力方法。

天津的张先生在出差之前收到了自称是航空公司发来的短信，称他所乘坐的航班被临时取消，要求其点击链接进行退款操作。短信报出的航班号和姓名跟他机票上的一模一样。这样的短信不免让人产生怀疑，但是事关重大，谁也不敢贸然断定这就一定是对方的骗局，于是张先生马上打给航空公司进行确认，发现的确是骗子的花招之后，才终于放心。

张先生没有上当是因为他一眼看出了短信的问题：航班取消后，通过链接进行退款操作既不符合逻辑，也违背常识。凡是了解航空业规则的人都明白，在航班取消后，航空公司会主动致电帮用户改签，如果退款也不会通过短信操作，因为安全性无法保证。战胜自己无知的最有效路径就是不要急于行动，而是思考一下其中的逻辑有没有问题。

○ 贪婪和恐惧

我记得在大概20年前，社会上流传一种可怕的犯罪手段，说骗子都学会了一种非常神奇的手法，你走在路上，他从你的身边经过的时候轻拍一下你的后脑，你就会像着了魔一样，无论对方问你什么问题你都会回答。比如银行卡密码、家庭住址等。

是不是很恐怖？这个谣言曾经甚嚣尘上，然而最后人们发现，传谣者无一不是因为自己的贪心而受骗，才编造了这样的谣言。

虽然骗子们的招数越来越精明，但其核心却始终未变，就是抓住人性的两个弱点进行重点攻击。这两个弱点一个是贪婪，另一个是恐惧。人们既因欲望而贪：贪钱，希望获得越来越多的物质和情感回报；又因欲望而惧：害怕失去，畏惧一切损失。

如果我们将这个世界所有的骗局进行归类，你会发现它们无一不是利用人们的这两个心理大做文章。庞式骗局是利用人的贪婪；商家的免费策略是利用人的贪婪；"你获奖了"的骗局是利用人的贪婪；"你收到了法院的传票"是利用人的恐惧；"你的账户被冻结，需要把钱转到安全账户"也是利用人的恐惧。凡是针对人心智的套路，均是抓住这两点大做文章。

"贪婪"和"恐惧"是一对孪生兄弟，总是相伴而行，一起出现。即使我们不能完全抑制它们，也不要产生侥幸心理，多想想吃亏上当的后果，才有可能全身而退。

有人提醒仍然上当，是不幸还是活该

我读大学时曾在图书大厦遇到过一件事情。一名二十来岁的女孩腼腆地走到一位同学面前，对他指了一下自己的耳朵，然后含着泪水望着他，摆了摆手，示意他，她是一个聋哑人。随后她又指了一下自己手中盛满纸币的盒子，然后注视着他。

那位同学显然涉世未深，拿出了包里仅有的50元钱放了进去，最后给了女孩一个他所能给的最温暖的微笑。就在他刚把钱放进盒子时，旁边有人制止他："小心点，这个女孩昨天来过一次了，好多人上当！"

他却笑着说："我看不像。"然后坚持把钱送了出去。

但没过半小时，我就在图书馆的另一个角落看到这个女孩和另一个女孩谈笑风生，她们两个人在清点手中的钞票，互相炫耀当日的战绩。而那位善良的同学对此一无所知，他还为自己拒绝了旁人的劝阻而骄傲，因为自己做了一件"大好事"。

虽然我们提倡做好事,也不可否认确实有需要帮助的人通过这种途径求助,但我们必须仔细鉴别。这个例子让我想到接到电信诈骗电话而去银行汇款的受害者——他们固执的表现让人不可思议。在保安和银行工作人员不断地提醒之下,仍然坚持把钱汇给对方,丝毫不能冷静地想一想整件事有没有破绽,这是为什么呢?

根源就在于,他们的大脑已先入为主,接受了骗子提供的信息,并按对方的逻辑对事情进行了"思考"和"定义",然后坚定了一个立场,做出了最终的决定。通过信息的组合对人进行潜移默化的影响,从而影响一个人的判断,屏蔽旁人的建议,这也是今天大多数骗局的基本套路。整个过程中,我们会看到心智防护机制的缺席。在精心设计好的陷阱面前,这些人的心智几乎是不存在的,处于零的水平。

骗子在进化,水平不断提升,这是信息时代的必然。因此尽管有人提醒,也可能无济于事。我们不能说这是活该,但究其心智而言,却也并非"不幸",而是自作自受。不过,如果一个人在做决定前或听到别人的提醒后能让自己的大脑放空5分钟——跳出之前的框架重新思考一下,往往就能变得冷静起来。

这不是一件很难做到的事情,如果说因为贪婪而受骗还多少有点"不作不死"的意味,那利用人们的恐惧、怜悯之心设计的骗局则显得非常龌龊。要想避免这样的智商税,必须牢牢把握两个原则:

1. 不因突如其来的意外而失去分寸

人在做出一些决定时之所以智商下线，有时是因为事出突然。面对突如其来的意外，往往来不及思考而失去分寸，丧失理性。很多商业营销机构和骗子都抓住了人的这一特点，不给你从容思考和征求建议的时间，让你暂时处于一个封闭的时空中，使你跟随着他们的指引一步一步进入早已设计好的陷阱中。因此，必须先提高自己对于意外变故的承受力，使自己的大脑获得一种钝感——迟一步做出反应，事情反而容易看清楚。

2. 永远为自己保留5分钟的"放空时间"

一个最有效的办法是无论遇到了什么事，都让自己拥有5分钟独立决定的时间。在这300秒的时间内，把大脑放空：清除对方刚才告诉你的所有信息，忽视对方的一切逻辑（就当它不存在），站在自己一贯的角度好好想一想，提出一个问题：

"真的是这样吗？"

然后站在相反的角度寻找论据，再得出一个观点。这时你就会发现，对方提供的信息和提出的要求是多么可笑！在今天这个大信息时代，我们对自己所接受的任何一个信息都要保持应有的警惕，不轻信任何人和任何事，也不轻易做出任何决定，才不至于"智商掉线"。

每个人都有信息选择障碍

信息能够让我们得到某种借鉴，是做决策的参考物。我们无时无刻不在对信息做出选择，要从不同的信息中挑出"可信"的部分。正确的信息能够帮助你更快地到达目的地，看到问题的本质，找到解决的方法；错误的信息则会把你带入迷途。

每个人都有信息选择障碍。就像墨菲定律所说，如果有出错的可能，那就总会出错。面对不同的信息，人们总倾向于选择错误的信息，忽视正确的信息。要提升心智的防护能力，就要学会选择——只有选择了正确的信息，避开错误的信息，我们才能做出对的决定，维护自己的权益。

总的来说，信息的真伪和我们的分辨力决定了一件事情的成败，也影响着我们能否做出对自己最为有利的决策。

在三国时代，孙、刘两家联手的赤壁之战可谓打得畅快淋漓，而其中诸葛亮、周瑜的通力合作当然是功不可没的。周瑜有意让蒋干偷走了伪造的信,让生性多疑的曹操接受了错误的信息,杀掉了其得力干将蔡瑁、张允,使本来水性弱的魏军更加一筹莫展;而诸葛亮则更胜一筹,他在雾天带着站满草人的船只前往曹营,不费吹灰之力便得到了曹军的十万支箭。

这两次胜利都源于成功蒙蔽了曹操的眼睛,错误信息使其思考和判断受到了影响。在草船借箭中,正是曹操接受了"吴、蜀之军带兵来攻打我们"的错误信息,才会急于令军队以箭退敌,白送给诸葛亮十万支箭。我们在赞叹诸葛亮机智的同时,也要看到曹军阵营中的谋士面对信息缺乏又难辨真伪的局面时,没能做出正确的选择,才导致了这样的结果。

推断信息真伪的能力,是一个人能否在信息时代如鱼得水的保证。它既能帮我们避免上当受骗,也能助我们成功。在《魔戒》中,阿拉贡对于半兽人说出的"佛罗多已经死了"并没有相信,在所有人都沉浸在哀痛之中时,他却举起剑砍掉了半兽人的头颅,正是他这种敏锐的信息推断能力助他成为人皇。类似的例子在消费场合比比皆是,营销人员会不断地引用各种数据告诉你:这件产品已经脱销了,再不买就买不到了;今天是价格最低的一天,明天就会涨价;别家卖的质量有问题,这里的才是最好的……短时间内把大量的信息塞进你的大脑,许多人不去分辨,选择了相信,便可能会上当。

在今天信息飞速更新的互联网时代,我们更要学会对信息的真伪进行判断，而且要用最快的速度做出判断，选择正确的信息，并做出对的选择。如今，信息传播的速度之快令人难以想象，刚刚发生的事情可能几秒钟之后全世界就都知道了，或许上一个小时还有效的信息，这一个小时就已经过时了。信息的真伪、有效性等因素，只能由每个人自己去判断，没人能帮你。

例如，这几年网络上曾经盛传许多新闻，像"江水被污染""碘盐防辐射"等五花八门的信息，导致超市里的矿泉水、碘盐被抢购一空，价格飞涨，许多人上当。"世界末日"等传闻也使不少人的情绪受到影响，被商家利用，购买了很多无用的东西。在你回头看时，这些事件当然令人哭笑不得。但要严肃思考的是，当时大部分人为何不能理性思考并选择对的信息进行分析呢？

○ 信息到底是什么，取决于你自己的选择

人们心中想的是什么，往往就看到什么。这是由人的潜意识的工作机制决定的——心中看到了世界末日，这个人就自觉地屏蔽相反的信息。

信息可能给我们指出一条明路，也可能让我们无意识地坠入深渊。其结果怎样，关键在于你自己的选择。我们要学会犀利地判断它，在信息时代选择那些正确的信息。当然，现实中的人大多都有"选择焦虑"，比如在买东西、订计划等须做出抉择的事情时，经常感到每一个都好，但又似乎一个都不可行。时间就在无穷的纠结之中慢慢流过，错过最佳的时机。

越年轻的人，就越容易患上这种"选择障碍"。比如购物、恋爱、结婚和生子时，许多年轻人都有过长时间的纠结。有分析认为，这与独生子女一代从小习惯了在"被选择"中生活有关，他们中的一些人无法掌控"有选择"的独立生活。

不过，我们也许可以看得更单纯一些——那些有选择焦虑的人，如果不是"考虑得太多"（过于在乎这种选择在别人眼中的结果），就是"考虑得太少"（他们对于自己的生活没有想法）。

○ 跨越信息选择障碍

1. 首先要对比优劣

比如在选择的过程中，如果你感到比较困难而不知如何抉择，这时可以给自己列一个对比表：一边列出做这个选择的10项优点，在另一边列出不做这个选择的10项缺点。对比两种方案的优劣，能清晰地看到自己的选择会带来的结果，用数据帮助自己做出决定。

2. 让自己坚定地接受其中一种选择

在面临选择困难时，可以尝试着让自己只选择其中一项。这时不论对错，不要去考虑更多，而是要坚定这一选择。原则上，这是一种试错的方式。当选择完成了以后，告诉自己不要后悔，但要看看会发生什么，并从结果中总结教训或者经验。如果对了，这就是一种正面的心理暗示；如果错了，这就是一次供自己修改思考模式的绝佳机会。可以通过不断重复这一步骤，直至真正提升自己做选择的能力。

3.在亲密关系中学会自我欣赏，增强做选择的自信

亲密关系对我们的选择力影响很大，而且亲密关系是增强安全感的重要一环。比如伴侣、父母等，你需要尽可能地去改善自己与他们的情感关系，在彼此的相处中减少相互指责，学会欣赏彼此的优点。在涉及交互关系时，别对自己采用批评和否定的态度（可以有，但不要太多），要更多地采用欣赏和鼓励的言辞或者举止——看到自己的优点，增强独立性和安全感，做选择时就会更加自信（而不是经常问对方的意见）。

4.必要时相信自己的直觉

直觉不是任何时候都不要采用，有时候人的直觉不是凭空产生的，因为潜意识的第一反应很微妙，往往能得出一些意想不到的判断。开发自己的直觉能力，让它综合一些我们察觉不到的五官的感受，捕捉最敏感的信息。这种通过潜意识感觉到的细微的差别，可能依据的是过去的经验，也可能是知识的积累判断。所以，假如你在做一些简单的、影响范围小的选择，不妨"跟着感觉走"。

5.已经决定的事就不要再反复思考

经过一番思考，你终于做出了决定，拍板了一件事情。接下来呢？这个决定对自己的影响如何？到底对不对？万一错误怎么办？人们也习惯于在此纠结不停。几乎在做出决定的同时，人内心中的怀疑和忧虑就会相伴而生。正是这些念头阻碍了我们接下来理性地判断、总结和分析。对于已经决定的事，就不要再反复地"倒带"思考，要盯着脚下，关注未来，对了就继续，错了再反思。

发现关键信息，直达问题的本质

在工作中具备高效的逻辑思维能力是无比重要的。它能立刻让你找到问题的关键，让紧迫的问题迎刃而解。但是，假如你不能调整思考方式，从关键信息中快速看到问题的本质，就可能一直陷在无关紧要的信息之海中，自以为走上了正轨，其实是在原地踏步，且越陷越深。

○ 剔除无用信息，洞穿本质

我先简单地阐述一下关于"逻辑思维"的正确理解：

逻辑思维的过程，是把复杂的问题化繁为简，找到解决的方法。目的是推理的核心，过程是推理的路径。因此，所有和"寻求解决方法"无关的信息，对我们而言都是无用信息，都是需要剔除的。

我很喜欢《教父》这部美国电影，里面有一句话让我记忆至今：花半秒钟就看透事物本质的人，和花一辈子都看不清事物本质的人，注定是截然不同的命运。这表明在海量信息面前，最厉害的本领恰恰是能一眼看到最关键的信息，并把它摘出来，不受其他信息的干扰，然后快速做出对自己有利的决策。

举个例子，我们在工作中经常会给高层领导做汇报PPT。这种PPT通常需要控制在10～15页以内，不能写得太多。因为处于公司高层的人的时间是很宝贵的，他们不想在阅读这些东西上浪费时间，需要尽快了解和抓住事物的本质与关键来做出决定。如果底下的人动不动准备几十页甚至上百页的PPT，没有一个上司愿意看，他们反而会觉得你工作能力差，因为你的废话太多了。

那些一眼就能洞穿事物本质的人，能够在别人面前抢得先机。他们在你还在苦苦思索，不得其解的时候，就已经开始分析和解决实质问题。久而久之，他们自然就成长地比你快了，而且有更多的发展机会，就像准备一个高质量的PPT，就是剔除无用信息、洞察本质的过程。有这种能力，才不至于被复杂的信息蒙骗双眼。

MECE是"Mutually Exclusive Collectively Exhaustive"的简称，中文意思是相互独立，完全穷尽。这个词起源于麦肯锡的一位资深咨询顾问巴巴拉·明托，她在《金字塔原理》这本书中第一次提出了这个概念。

解释起来也很简单：相互独立，意味着将能够影响问题的原因拆分成有明确区分，互不重叠的各个因素；完全穷尽，则意味着全面周密，毫无遗漏。

运用MECE原则时，我们可以从一个最高层（最上面）的问题开始，逐层地向下进行分解。首先，列出自己亟待解决的问题，然后将问题拆分成不同的"子问题"，并且保证它们之间互不重叠和干扰。同时，保证我们把能够想到的子问题全部列出来，再寻找其中的关系，发掘内在的联系，把那根最关键的"绳子"拽出来，直至牵出答案。

在运用这一原则时，询问自己两个问题：

第一：我是不是把所有的可能因素都考虑到了，有没有遗漏的（如果有，就再去找）？

第二：在这些因素之间有没有互相重叠的部分（如果有，把重叠的部分去掉）？

○ 如何正确地归纳和演绎

随后是第二个阶段，我们开始用归纳和演绎的手段整理上述信息（罗列出来的不同的问题）。这是两条基本的认知事物和思考的逻辑法则，也是使人的心智和推理能力得以提升的重要手段。

归纳是把具备某种相同属性的事物一一列举出来，然后寻找它们的共通点。

演绎是把互相之间形成影响的因素，按照事物因果顺序、时间先后顺序、重要程度顺序排列出来，再寻找中间的突破口。

我们在工作和生活中遇到的所有的问题，都可以用演绎或者归纳的形式进行拆分。我把这个过程称为"解构"，对信息做庖丁解牛式的整理和碎片化分析，总结内在的逻辑，发现最关键的联系，看到真相。归纳、演绎和上面提到的MECE原则经常需要搭配使用，在归纳演绎的过程中，我们要坚持MECE原则，将复杂的问题分解成多种单一的因素，把如同乱麻的信息抽丝剥茧，使其富有条理。

一是核心问题是什么（核心问题只能有一个，是所有问题中最重要的那个）？

二是这个问题的背景是什么（问题的来龙去脉和原因）？

三是和现在这个问题有关的人物和因素有哪些（在MECE原则的基础上使用归纳法，一一并列出来）？

四是哪些是导致这个问题的关键原因？

五是哪些是次要的原因？

六是解决这个问题有哪些方法（用归纳法写出所有可能；用演绎法找到每种方法实施的具体步骤）？

七是解决这个问题现在还欠缺哪些条件或者资源？

八是如何去弥补这些条件上的欠缺？

九是我们的时间规划是怎样的，先做什么，再做什么，最后做什么？

十是最后一步：结论。

请在思考问题时遵循上面这些思维步骤，多运用几次之后，你就能形成一种思维习惯，不自觉地按照这个逻辑去解决任何你遇到的问题。这时，有意制造的假象和逻辑陷阱就很难瞒过你的眼睛。工作和生活中遇到的任何复杂的、让人不知所措的问题，你都能短时间内轻松地解决。

○ 如何得出正确的结论

最后是得出结论——遇到复杂的信息和无法预测、难以分析的情境时，你也可以先讲结论。比如，麦肯锡有一个著名的电梯理论：在进入电梯的30秒内就要向客户卖掉自己的方案。因为在这么短的时间里没人会听不相干的废话，所以第一句话就要把自己的核心观点传递出来：你的方案是什么，它为什么是最佳的选择？这并不是为了说服对方，而是防止被人说服。

快速地抛出核心观点，即："我们应该做什么。"商场广告满天飞，品牌到处都是，营销人员笑脸相迎，你挑花了眼？那么问自己一句："我是来干什么的？"先给自己一个结论，你就能把90%的无效信息剔除掉。

得出核心观点之后，接下来需要进行简洁的分析和论证，即："我为什么这么做？"我们有了前面两个步骤的协助，已经把大部分信息进行了整理，最后的工作就是围绕论点搭建路径，找到最佳方案。

Part 8

为智商装上防火墙：
构建心智防御机制

5条最基本的反洗脑常识

人类作为一种"关系动物",每分每秒都与外界进行着信息交换。人的自我意识不是静态不变的,而是在成长的过程中受到各种各样的设定和影响。商家擅长的洗脑之道,本质上就是一种浅催眠性质的暗示,利用人性的软肋来达到他们的目的。

如何从根本上构建防御机制,提高我们心智的防御能力呢?

○ 恢复独立的认知能力

尤为关键的一点是,让自己恢复最基本的独立认知能力,即恢复与"聪明人"一样的可独立辨别是非的能力。日本作家松浦弥太郎在《思考的要诀》一书中说:"现在这个时代,在工作或学习上,要将事情做好,我们最应该学习的就是思考的要诀。"这里的思考，指的是独立的思辨，而不是全盘吸收别人观点的机械式思考。

我们必须建立独立的认知、思考、分析能力，这项技能学校或者工作中不会有人主动教导你，只有依靠自己不断去学习、分析并总结才能有所领悟。

1.建立"自我意见"

在今天的社会上，有太多人云亦云的事件发生。很多人以为自己知道真相，明白发生了什么，其实不然。很多专家，无时无刻不在提出意见，请你同意和跟从。乍一看是对的，于是你同意了，事后你才发现自己被消费了，心智也被某种特定的套路操纵了。

当你学会独立思考后，就会有"透过现象看到本质"的能力，从而能在需要表达的场合更具体和更有说服力地阐述观点，以此影响对方，而不是受人影响。

2.进行"批判性思考"

我们要为自己的独立意见找到相应的根据，对不同的事物和声音要有批判性思考。很多人对于批判性思考存在误解，以为这种思考和表达方式是批评对方。其实，它是一种贯彻自己独立意见的技巧。它指的是"不流于他人的想法，提出自己意见的思考方法"。

这样的情境在生活中是常见的：

不是别人出国留学回来升职加薪了，你就要赶紧出国学点什么。

不是别人创业赚到了很多钱，你就要赶紧辞职下海经商。

不是别人天天早起写作赚了钱，出了名，你也一定要天天早起写文章。

不是别人在看什么书，你也一定要看什么书。

更不是你3年前有了什么想法，就一定要一成不变地执行下去（随着知识、阅历的增加应不断更新自己的想法）。

批判性思考的最大魅力在于，不仅对信息本身和他人的意见进行谨慎判断，也对自己的意见和想法进行审慎思考，进而得出最为客观的答案。

○ 提出一个好问题

学会区分"事实"和"意见"，并针对别人的论断提出问题，是掌握理性思考能力和为心智建设强大防火墙的重要基础。

值得警惕的是，有些权威和专家说的话极有说服力，有天然的蛊惑性，很容易让人把"意见"误以为是一种铁定的"事实"。对此，要学会提出问题，如果对方的观点和理论体系不能解答这个问题，便不可轻信。

反面案例是新闻经常说到的那些忽悠老人的"健康专家""治病大师"，实际上这些人不是专家，也不是医生，可就是总能得手，因为他们抓住了人们的知识盲区。如果老人们或他们的儿女都懂得独立思考，当时可以提出问题进行质疑和反向思考，就不会轻易上当了。

○ 多角度和深入思考

针对一个问题，每隔一段时间回顾并且再思考一遍，看看有没有其他可以切入的角度，我们对它的认识就会逐步加深。虽然问题还是那一个问题，但你的眼界变宽了，思考维度更高了，观点也更理性了。

○ 预测将会发生的事，决定现在应采取的行动

遵循这一原则，是对我们自身预测能力的培养。要能够预测未来的趋势，然后决定自己将要做的事情。

你不妨按照下面的步骤来思考：

该"方案"如果成为现实，会发生什么事？

成功和失败的情节分别有什么？有没有这两种情况下应采取的措施？

思考该行动有没有实现的可能。

思考有没有必要现在就去行动。

这样的4个步骤走下来，我们的头脑就会更清晰一些，做出的决定也就趋于理性。

○ 看到事实的真相

最后,有疑问就要正视它,寻找它的原因,而不是蒙上头当鸵鸟。这要求我们直面内心的真实想法,并要冷静地看清现实。只有建立在现实(事实)基础上的判断和行动,才能为我们带来回报,否则就可能偏离目标或者得不偿失。

所有需要你付钱的东西，都问自己3个问题

购物的时候，我们从来都不是理性的，而是彻头彻尾的非理性人。行为经济学和心理学发展到今天，无数现象早就证明了这一点。

既然作为消费者在购物的时候从来都不是理性的，商家利用人的这种特性大做文章，我们要如何预防呢？在买东西时，你可以先问自己3个问题，回答完毕后再决定是否付钱。

○ "为何这样卖？"

这个问题是思考商家的动机。只有当你知道商家想干什么，才能准确地排除干扰，站到自己的立场上做出对自己有利的选择。

例如我们去超市，会发现生活常用品经常在店内最深处。因为鸡蛋、牛奶这些必需品能吸引你逛完整间店，一直走到最后。如果这些常用品摆在门口，可能80%的顾客都不会往里走，而是买完菜、鸡蛋等必需品便结账走人了。有些超市和商场会播放舒缓的音乐，因为这可以延长顾客的逗留时间，也就意味着更高的销售额。

这就是商家的动机，他们研究人的心理。比如在高利润的货架区，地砖的风格有看起来很高级的花纹，或略有不平，让顾客推车经过时，必须减慢速度，增加产品的曝光率。还有的商家会在商品价格标签上删掉诸如"元""￥"等代表钱的符号和字眼，仅标注一个单纯的数字，这能减少商品和钱的逻辑关联，使消费者的心里感到舒适。

有一项统计表明，使用上述符号的商品，每100名顾客有6人购买，而改用纯数字的标注后，每100名顾客中有11人购买。这是一个惊人的对比，充分说明商家的精明——他们对你的研究是十分透彻的，比你自己还要了解你！

所以，知道商家在想什么，回答了这个问题，你就知道自己应该采取什么样的策略了。那就是要让每一笔消费都是划算的，追求性价比，而不是依从商家的推荐和暗示。最好的做法是列一张购物清单，摆脱商家的心机，运用经济学的逻辑寻找物美价廉的商品。

○ "它本身的价值是什么？"

这是一个很好理解的问题，我们买东西时要先看到价值，再去看价格，并进行对比。因为人们不管去哪儿消费，买的是什么，支付的不光是东西本身的生产成本，还包括广告、人工、地租等等在内。你不仅要看到他们卖多少钱，还要分析一下这个东西值多少钱。

比如，我每次到茶店买茶，都会先请茶店的店员帮我推荐，然后我会把他们推荐给我的牌子全部排除，另选一款不在推荐之列的。原因很简单，他们推荐给我的茶一定是回扣最多的，价格的水分也最高，性价比则最低。

同理我们知道，一种流量很大、销量很广的"快消品"，它的性价比一定是比较合适的，比如超市中的可乐、口香糖等，我们几乎不考虑它的价格，因为附加成本是很低的，买起来比较划算。

解答这个问题后，我们虽然无法知道每样商品的实际成本，但是依据自己的需求和商家的条件，也大概可以猜出它的附加成本——附加成本过高的商品往往是不太划算的。我们只需要买价值与价格匹配的商品，别被商家的热情推荐和营销手段迷惑就可以。

○ "对我的回报是什么？"

毫不客气地说，大多数人在消费时并不清楚一件商品本身的价值及它能给人们带来的真实回报。人们购买的商品中超过七成都是回报低于预期的，因此经常兴冲冲地付款，使用几天后就很后悔。

这是因为，一件商品的价值和回报是可以包装的。

当珍珠王萨尔瓦多开发出黑珍珠的时候，并没有多少顾客，因为没有人知道它值多少钱。于是，他们把黑珍珠放在第五大道耀眼的橱窗里，在所有提及它的广告里放上了钻石和红宝石。自然，黑珍珠从此成为名贵的珠宝。

商家使用了一种被称为"锚定"的营销手法，欺骗了人的心理。比如在一些家居行和电器行，他们将一个成本很低的家具或电器放到另一种价格贵了100%的同类产品旁边，尽管标价是它的7成，远远超出其实际的价值，人们也倾向于购买这个价格稍低但价值更低的商品，并天真地认为它的回报是很高的。

一个建议是"你不需要了解每一个要买的东西，但一定要了解自己的需求"。

在购物时（产生购物需求时）先建立一个效益体系，这会让你受益。最简单的方法就是分析自己购买这样东西的目的：实用，还是为了带给自己快乐？然后针对性地寻找，为之付款。

打个比方，你最喜欢吃地铁站附近的重庆火锅，每次去吃要花200元，你觉得价格合理并且心满意足。那么，每当你无法决定是否要买新东西的时候，就可以把它换算成火锅。这是一个标准，代表着我们对需求的定价。贵贱不是最主要的，关键是它是否满足了我们的实际需求。就像追女孩子一样，虽然一个包或一件衣服比较贵，超出成本价十几倍，但想象一下对方收到礼物后开心幸福的样子，你会知道这是值得的。反之，就代表你花了一笔冤枉钱。

另一个建议是"一笔支出是否值得，取决于它能带给你的附加回报"。

我们知道，人在有钱时喜欢购买一些奢侈品。这是商家最擅长利用人的心智弱点的领域，奢侈品的定义有很多种，但它的本质是稳定地提供高质量体验的品牌。不过，这个特征不是每一个人都需要的，要看它带来的附加回报。

奢侈品的高价格是一种高品质的保证，可不代表低价格就买不到高品质的商品。你要知道，商品的价格和品质绝非简单的线性关系。假如你很有钱，也未必就得花1000元买高级衬衫，这要看穿衣的场合，看这件衣服带来的附加值。在有些地方，200元的衬衫也可能很好，比如我们居家穿着，或是在车间临时穿一下。

总而言之，我们永远无法在购物时了解每一个商品的市场价值，那种完全理性的购物是不存在的，但我们可以站在卖方的立场破解他们精心设计的心理暗示，然后以生产者的立场衡量其广义的成本，最后回归自己的需求和消费体验，做出正确的决定。

当有人对你投其所好时

每个人都要用劳动换取收入，这个世界不存在"不劳而获"这种好事。如果有，恐怕也是一种骗局。人们渴望不劳而获的心理，就是被骗子频频利用的弱点。在心智防御机制中，一定要设置一道防火墙——凡是容易得来的蛋糕，都是有问题的。

○ 心存侥幸者，易被人投其所好

认识到这一点，需要我们去除侥幸心理。有时，人们会想，自己究竟有没有"不劳而获"的机会呢？这种天真的想法出于对辛苦工作的厌烦、对捷径的渴望、对一夜暴富和快速成功的期盼。当你有了这种想法时，就暴露了自己的软肋。

比如，当你苦于没有升职或成功的捷径时，各种培训机构就出现了，告诉你只要交点钱，上几节课，就能获得别人十几年的经验，节省大量的时间，少走很多弯路。于是你很兴奋，掏出成千上万块钱去参加培训班。可是，没有几个成功者是培训机构教出来的，这种一步登天的幻想，成功概率只有几千万分之一。

对付别人投机的最好办法，就是不要产生侥幸的心理，也不要有走捷径的动机。

○ 远离歪门邪道，警惕只会奉迎你的人

想一想，是谁说动了你，让你抛开踏实的计划，选择投机的思路，进而操纵了你的心智？

你一定要明白，无论做人做事，都要现实一些，踏踏实实、认认真真地从正路而行。选择了一个正确的方向，就坚持下去，相信自己的努力绝对不会白费，也相信没有什么捷径，这样就消除了内心的妄想。实力说明一切，只有那些肯吃苦、肯努力、肯坚持的人才会有所成就，投机者即便暂时成功，也不可能长久。

让自己变"笨"一些

著有《钝感力》一书的日本作家渡边淳一说:"在人际关系方面,人最为重要的就是钝感力。"我的理解是,钝感力是一种迟到的聪明,却也是真正的彻悟。说白了,就是要学会让自己对外界的反应慢一点,别像受惊的鸟儿一样神经过敏。

比如,当你受到领导的批评,或者与朋友意见不合时,不能因为这些小事就郁郁寡欢,做出过激的反应,而是应该从容淡定、积极开朗。确切地说,以不变应万变,看似愚笨,却是一种大智慧。

○ 做好你自己能掌控的事情,守护心智的第一道防线

在现实的生活中,何止是人际关系,很多事情都需要我们让自己变

得"笨"一些。有一次我去哈佛大学听课,一位心理学教授说,人要先承认自己是个笨蛋,学习守拙。怎么才能守拙呢?就是做自己能做的,想自己能想的,别跑在最前面。

做好能掌控的事情,这是我们心智的第一道防线。由于生活节奏的加快、欲望的膨胀,现代人对得失过于敏感,因而很容易受到伤害。没得到的便宜,视为受伤;没赚到的钱,视为损失。于是,心有不甘,催生戾气。

钝感则给人以迟钝、木讷的负面印象,对诱惑反应很慢,别人把便宜都占了,自己还没行动,看上去很吃亏,可也避免了上当的可能。这能让人在任何时候都不会烦恼,不会气馁,是一种"不让自己受伤"的力量。

我们除了对事物要有敏锐的洞察力,对于变化要有很强的敏感性之外,最需要的一种能力就是"主动迟钝"。这不是无知无觉的愚蠢,是先知先觉的体悟,是由内而外对心智的加强。

以购物为例,人们看到免费的、降价的商品后,通常会一拥而上,从来不给自己"好好想想"的时间,就是一种缺乏钝感的体现。最后吃亏的是谁呢?是抢在最前面的那个人。

有些时候,我们总是为了一些外在的、自己左右不了又无法更改的事情而烦恼,感情脆弱到不想和人打交道,也不想面对任何事。但正是这种过于敏感的心态,让你今后更易上当。

所以，我们要把能掌控的事情做好。无论发生了什么，不仅要保持乐观，独立思考，更要心境沉稳，慎重做决定。

虽然一个人最难做到的便是控制自己，但你必须在欲望来临时给自己至少30秒反向思考的时间。我称之为"迟滞时间"，在这段时间内，要逆向地搜集"不这么做"的证据。哪怕找到（想到）一个比较有力的理由，也能及时终止你的冲动之举。因为从墨菲定律的角度讲，凡事都有一种"不"的可能性，最终的结果往往就是如此。

○ 智者是清醒的，智者往往又是迟钝的

在清醒和迟钝之间，是一个"度"的问题。我们任何的情绪、感觉、冲动、理性其实都是需要一个度的。虽然冲动是大概率的不对，但也并不是说理性就一定是对的。要成为一个智者，需要的是适当的钝感力，它可以让一个人在还没有被完全被击垮的时候暂时麻痹一下自己，积蓄力量，整装待发；也可以让一个人在还没有贸然行动前，想想不确定的因素，变得理性一些。

渡边淳一在自己的书中这样说："这个世界不过是一场生存的游戏，所以必须要拥有顽强的意志。而要保持甚或加强自己的生存能力，钝感力又是必不可少的。与其拥有锐利的敏感度，不如对于大多数事物不要气馁，这股迟钝的顽强意志，就是得以生存在现代的力量，也是一种智慧。"

前两年有一部电影《血战钢锯岭》，里面的故事就涉及钝感力。

道斯是一名美军医护兵，他既想当兵又不想开枪杀人，甚至入伍后拒绝持枪。这是他的信仰，拒绝暴力。由此他在军营中受尽凌辱，军官怒斥他不喜欢暴力就不要来当兵，对他百般刁难，战友们也觉得他是疯子、神经病，想办法撵他走。

可以说，这样的士兵不是军队喜欢的人。但到了战场上，道斯却有如神助，或者说，这位反对暴力的医护兵创造了一个又一个的奇迹。在"绞肉机"式的钢锯岭上，他依然保持着不持枪不杀人的信仰，赤手空拳地走上火线，以一人之力，在一夜之间拯救了75位战友的性命。你说他是傻瓜，他却制造了奇迹。和他相比，到底谁更聪明、谁是智者？

最后，他成为美国二战期间唯一在战场上一枪不发，却获得美国最高荣誉国会勋章的战士。在道斯的身上，我们看到的就是一种钝感的表现。这样的人，其心智是属于最高境界的，可以不战而胜。

例如：军营中，面对战友的奚落，他选择的是沉默和顺从，从不反击；遭受到战友的殴打，他依然不发一声，宁可撒谎说自己睡觉不老实，也不控告战友而使其付出代价；被关了禁闭，无法与爱人成婚，他很愤怒，但也只是以拳捶墙来发泄心中的郁闷；在军事法庭上，面对高压，他虽然发声捍卫自己的观点，也不过是真情实感的流露，不带有一丝伪饰；他追求女友的方式也非常有意思，一上来就接吻，根本不问她是否同意，直接而又真诚。

生活中我非常欣赏和珍惜那些看似反应迟钝的人，他们是公认的"笨人"，其实有着难得的智慧。我们要提升自己的心智，锻炼自己的智商，就应该向这样的人学习，而不是那些事事抢在前、动辄讲一堆的道理的家伙。

真正的智者一旦下定了决心，就能够无视周围人的目光和流言蜚语，毅然决然地采取既定的行动，不受任何诱惑或相反建议的影响。即使听到了他人的讽刺，或者受到某些打击，也会反应淡漠，步伐坚定地勇往直前。这种极致的钝感力，正是一个人突破复杂环境、跳出现有层级的强大驱动力，是一个人成熟和成长所必备的能力。

如果你不贪婪，99%的骗术都对你无效

我的一位朋友去某城市旅游，在一家服装店看到一件羽绒服，标价899元。她很犹豫，就问店员能不能便宜一些。店员说："今天6折，是价格最便宜的一天，过时不候，等明天就恢复原价了。"然后就让她到试衣间试一下。

朋友试完出来，觉得不太合身，就想着把衣服退回去。这时，她无意间发现羽绒服的衣兜里竟然有一部手机，心中顿时一阵窃喜，立马刷卡买下了羽绒服，赶紧离开。

朋友觉得占了大便宜，一口气走出500米，拐过街角才掏出羽绒服衣兜里的手机。然后她大呼上当，因为那只是个手机模型，连10块钱也不值。

这就是贪婪心的作用原理和导致的后果。当你被贪婪控制时，就是你吃亏受骗的开始。

○ 受骗者的心理动力学

骗子行骗的动机不外乎是获取金钱收益，而受骗人的"动机"主要是贪婪，和骗子一样想占得金钱上的便宜。这就是受骗者的心理动力学。

我讲一个例子。朱先生神情沮丧地走进派出所。民警上前询问，朱先生却支支吾吾地羞于启齿。他上当的经过十分简单，看到路边有人摆了一副象棋残局，就在旁边看了一会儿，忍不住参与进去，然后被骗走了1万元。

这种街头象棋残局骗局一点都不新鲜，始终是原来的模式，可依旧有人上当受骗。受骗者十分愤怒，大家也都知道这个原理，为何换汤不换药的骗局依然能引人上钩呢，人的智商出了什么问题？

从心理动力学的角度看，必须做好两点：

1.你要真正了解什么是"无欲则刚"

有一点要时刻牢记，我们在外面每踏出一步，兴许就会踩到铺满鲜花的陷阱，因此，我们必须擦亮眼睛，保持警惕，不要被内心的欲望牵引，不要因欲望而失去理智。人们平时上当受骗，除了狡猾可恶的骗子是始作俑者外，往往还因为受骗者内心的贪婪在推波助澜，成为骗子突破智商防火墙的内应。

所谓的"无欲而刚"，本质上不是克制欲望，而是对欲望进行分类。分清楚什么是占小便宜和贪得无厌的欲望，什么是正常的需求与合情合理的欲望。

2.你需要设立"以不变应万变"的心理机制

当你不幸遇到了骗子,要用理智与机敏来防范。一方面,肃清贪念之源;另一方面,以不变应万变,为自己确立一条抵制各种诱惑的原则。

比如,在出门购物之前,首先对支出做一个合理的预估:"我买这些东西,需要花多少钱?"我们对平时购买的东西都是有价格常识的,不会太高但也不会太低,这就是"不变"。以一种"不变"的心态对待突如其来的变化,你就明白一个道理:"事出反常必有妖。"价格突然变得过低,或者突然变得过高,都意味着可能有一个隐藏的陷阱。有了这个事先的预防心理,上当的概率就降低了。

○ 去除赌徒心态,把贪婪锁进笼子

我曾看到过一句话:"每一个成功的骗子,至少洞悉了人性的某一方面弱点;每一个上当受骗的人,最终都是败于自己的贪婪。"

的确如此,骗子正是利用了人们的人性弱点,才能突破受骗人心智的层层防备,行骗成功。那些营销大师也是看到了人们在心智上的种种薄弱之处,知道很多人都有投机取巧、博取小利的心态,才以此制定出巧妙的营销策略。

受骗者最终因赌徒心态——也许我是幸运儿——而越陷越深。如果你没有这种心态，那么99%的骗术都对你无效。但要去除这种心态，就得拥有一种平和淡定的生活观和利益观。

如果某种东西的成本低得超出想象，也就意味着风险同样是无法预料的；凡是会让自己产生侥幸心理的事物都不可靠，哪怕它唾手可得；平和的状态所带来的幸福、知足感，应该变成生活的常态；所有可以称之为"天上掉馅饼"的好事，都应毫不犹豫地写进骗局的清单。

不再认为自己智力超人，能借机获益，这是第一步；不再因头脑发热做出冲动之举，这是第二步；不再因生活缺少刺激而试图投机取巧，这是第三步；不再由于对现实的不满而盼望免费的午餐，这是第四步。正如老话讲的："可怜之人必有可恨之处。"其中的"可恨"首先在于自己，如果你拥有强大的心智防火墙，就不会轻易被外界的陷阱洗脑。对人的成长和成熟而言，内因永远是决定性的。

附录：

让你不再缴纳"智商税"的忠告

不要刻意地炫耀和掩饰。不要去炫耀你所拥有的东西，否则别人就能凭此看出你内心的缺失；也不要刻意掩饰令你自卑的东西，因为越掩饰就越明显。对别有用心者来说，这两者都是可利用的软肋。

不要把梯子放错墙。要知道自己最擅长的事情，一个称职的人未必就是业务能力最强、技术最好的那一个，也未必是最聪明的那一个。想把事情做好，就不要把梯子放错墙。选对了方向，才能得正果。

学会分辨弦外之音。说话不仅是一门技巧，而且是心智水平的体现。学会说话，更要学会"听话"。有些人说的"玩笑话"，可能是真心话；有些人说的"真心话"，可能是玩笑话；有些人说的"私密话"，可能真真假假；有些人说的假话，可能半真半假。要听出对方的真实意图。

是不是真理，首先取决于是否对你有利。你对别人说了一句普适的真理，却遭到了强烈反对，不是对方无知，是你无知。如果有一句真理伤害到了你的切身利益，你还相信它是真理吗？说话之前先动一动脑子：一个道理是否正确，人们的判断标准是"是否对自己有利"。

贪婪比贫穷和懒惰还要可怕。有些人贫穷未必是懒惰所致，而是贪婪。不信，你去股市看一看。贪婪让人付出的代价远比懒惰可怕。

不要同傻瓜争论。如果你还在同傻瓜争论，那么你就是傻瓜。让他赢吧，反正你又没有真正输掉什么，他又没真正赢得什么。我的意思是，把和傻瓜争论的时间节省出来，做点有正收益的事。

警惕没有任何异议的观点。当所有人都斩钉截铁地站到一边，而没有人提出任何异议的时候，愚蠢和无知就要发生了。

少关注别人对你的评价。如果有人恭维你，听听就罢了，他们多数是哄你的；如果有人批评你，不要生气，那估计是真的。少去关注别人对你的评价，反正你也不可能讨到每个人的欢心。

用心看事，用心品人。对于人和事，瞪着双眼去看，容易看花眼；睁一只眼闭一只眼去看，容易看走眼；要用心去看，才能看准，用心去品，才能洞察其本质。

关注答案，而不是问题。你要关注的是问题的答案和结果，问题是什么并不重要。

不要纠结于对错，要冷静地分析如何才能解决。对于已经发生的坏结果，不要再去纠结孰对孰错，不如将宝贵的时间省下来，心平气和地分析问题要怎么解决。我们的时间是宝贵的，要让每分每秒都活出价值。

不要自我怜悯，否则你会看不清自己。如果你总是被欺负，就不要再做无用的"自我怜悯"，你该反观下自身：为什么他们不去欺负别人，偏偏喜欢欺负我？谁也帮不了你，或者帮不了你一辈子，多修炼点本事防身吧，看清自己才是最重要的。

不要没有任何修饰地说出自己真实的看法。如果你只是为了对自己忠诚而不加修饰地对另外一个人坦白，结果一定很伤人。对方可能并不感激你的诚实，反而会责怪你。要学会修饰自己的语言，先观察对方的反应，判断对方的想法。这是为人处世的基本功。

不要差别化地对待别人。 你差别化地对待别人之后，也会被别人差别化对待。

不要为了面子而做没有意义的事。 许多人被忽悠、被利用都是因为面子。被强者击败并不丢人，丢人的是你为了找回面子去做那些毫无意义的事。没有钱也不丢人，丢人的是透支未来购买那些并不必需的奢侈品。

所有的骗局都打着"为你好"的旗号。 当别人以"为你好"为由，劝你改变主意去做一些你自己讨厌但对方很喜欢的事时，你要好好想清楚，是忠于自己还是忠于对方。

真正的感情都和利益无关。 比起将希望寄托在与你有利益关系的伙伴身上，不如关注一下你用眼泪和关怀投资出来的感情上。经历岁月的沉浸，你会发现存留下来的感情都是和利益无关的，凡是以利相结的关系都靠不住，也经不起困难的考验。

尽量别做"第一个吃螃蟹的人"。 别以为自己的智慧强大到了可为天下先的地步。不管做什么，如果你是"第一个吃螃蟹的人"，都要慎重考虑，尤其是投资。这个世界上有想法有眼光的人很多，你肯定不是最特别的那个，别人放弃它也一定有特别的理由。不要将大家都认同的观点视为真理，但也不要把大家共同的行为妖魔化，要辨证地看待。

当你怨天尤人时，眉头上会写着"我很愚蠢"。 机会只庇护智者，而不是照顾蠢材。在怨天尤人之前，先反思一下自己的愚昧。

从不同的角度看同一个问题。多角度地看待问题，才能避免一种观点带来的缺陷和偏颇。一旦你的脑海中有了先入为主的定义，先放一放，站到别的立场上看一看再下结论。你最好主动采取不同的视角，从中发现不一样的东西。

世上没有不可能，只有不行动。聪明人的字典里没有"不可能"，只有"我愿意试一试"。不要相信"不可能"的问题，亲自验证了才能下结论。

不要居高临下地否定别人。处处展示智力上的优越感是最愚蠢的行为，不要随便剥夺别人的希望，不要蔑视别人的判断。同样的，也不要相信任何人对你说的"你不行"，而要在自信与谦恭之间找到一个最佳平衡点。

永远不要因愤怒而失去理智。有些人惹你生气是故意的，他们就想激怒你、惩罚你，让你失去理智、看不清真相。如果你恰如对方希望的那样，就上当了。

不要轻信三种人。酒鬼、瘾君子和投机者，任何时候，都不要轻信这三种人说的话。

如果一个人总是说你最想听的，你要小心。提供对方最想听的东西，高明的骗子都擅长此道。

提高你的观察能力。观察力的缺失是导致我们心智被蒙蔽的主要原因之一。要防止商家对你洗脑，首先得提高自己的观察能力。

越是扑朔迷离，越要有主见。知道如何让别人看重你吗？你要表现得有主见，哪怕你的这个观点是错的。相反的，即使是一个胸有成竹的答案，你在讨论时小心犹豫，别人也未必认可你是正确的。这与观点无关，而在于你所展示出来的魅力是否足够折服对方。你越自信，越能赢得更多；越没有主见，就越容易掉进陷阱。

发现对方的逻辑漏洞。你要多学一点逻辑学的知识，用怀疑的态度审视对方的逻辑，这样才能有意识地发现对方话语中存在的逻辑漏洞，从而防止被迷惑、被诱导。

规避思维盲点。我们的思考方式有"偏好设置"，比如多数人喜欢循序渐进的推理方式，因此常常出现思考的盲点。你会发现，你的直觉喜欢把相伴发生的事情进行因果推论，先发生的事情被归因成后发生事情的起因；在评价他人和评价自我时，本能地会产生一种"双重标准"。这些思考谬误产生于人类最原始的人性，所以一直保持脑子清醒是很难的。要时刻注意自己思维中的盲点，对已经形成结论或大家公认的东西也要适时进行二次思考，谨慎得出结论。

保留发脾气的权利。励志大师告诉你："面对他人的指责，我们没有任何动气的理由。如果你是对的，发脾气就失去了必要性；如果你是错的，那你就失去了发脾气的资格。"是不是感觉很有道理？其实这句话中存在着明显的逻辑漏洞，我们发脾气并不是为了追究对错，而是为了解决问题，心灵鸡汤最擅长的就是把问题极端化，建立非黑即白的假设，实际上并没有任何可实际利用的价值。

学会用辨证法思考问题。对问题进行正反两个方面的思考，考虑到不同的可能性，而不是偏好于某一种观点或者思考的角度。

任何事情都有多面性，可以有多种解释。例如，一个人做了一件好事未必就是好人，一个人做了一件坏事也未必就是坏人。人的形态是多面体，而不是平面镜，谁都没有资格主张自己是正义的化身。那么对于一件事情也是如此，从不同的切入点可以得出完全不同的解释，有时甚至是相互对立的。

尊重那些与你意见相左的人，但不一定听从他们。可能正是他们的反对之声将你从错误中拉了回来，你可以借助相左的意见完善自己的思考。

保持冷静，看清事物背后的东西。很多事情仔细分析下来就会发现，内里的逻辑根本经不起推敲，非常具有欺骗性。因此，面对具有轰动效应的热点新闻时，保持冷静的头脑，你看到的那部分也许只是冰山一角，看不到的水下部分才是真实的内容。

不要习惯性地赞同别人。你总是习惯赞同别人的想法？这意味着你的大脑常常不受自我的控制，而总是被外来的信号牵引。不论对方说得多么动听，都要多问一问"真的是这样吗？"，以免被带入逻辑的圈套。

明确地拒绝自己不同意的观点。在拒绝别人时一定要明确，而不是"我考虑考虑"。如果你不明确地表示自己不同意，别人会对你存有一定的希望。到头来他会怪你："你既然不愿意为什么不早点拒绝我？浪费我的时间！"你憋了一身内伤还很纳闷："我明明拒绝了呀！是你自己没听明白。"同理，如果你求别人做事，对方没明确表示愿意做，而是用了婉转的语言拒绝，那么你就要有自知之明，别再对其抱有什么希望。

认识到自己的无知。认识这个世界最可靠的方法就是认识到自己的无知。你越谦虚，犯错的概率就越小；你越膨胀，就越容易栽跟头。例如，在庞氏骗局中上当的人大部分都是平时自以为很聪明的家伙。他们心态膨胀，不听规劝，结果损失惨重。

不要自作聪明。在任何时候都不要自作聪明，否则你将看不到危险的所在。如果你认为自己的判断一定是对的，又没有充足的佐证，十有八九你会得到一个错误的结果。

开放式思考，设想任何可能性。封闭式思考会让人陷入片面和保守，因此了解问题要全面，渠道要广，要有想象力。就是说，要采用开放式思考，因为不同的信息会带来不同的思路。看得越多，就越能避免盲从的现象。

放弃经验思维。要小心那些总拿经验对你说事的人，很多常识性的错误都是经验主义者带来的。要想实现突破性成长，就要放弃"经验思维"。经验可帮我们少走弯路，也可带我们走进死胡同。

人数的多少和观点的正确性并不成正比。进入群体以后，你要谨慎地对待"群体意见"。人们在进入群体后，就失去了自主思考的能力。他们并不关心意见本身的正确性，只关心群体的人数。但支持一个观点的人数的多少，和这个观点是否正确并不是相等的。要就事论事，而不是站在人多的一方。

控制欲望，恢复理性。你的很多冲动行为都来自欲望层面的焦虑，因此，控制住欲望，才能彻底堵上心智漏洞。

诱惑越大，陷阱越深。要远离那些诱惑力极大的打折促销信息，一旦你急不可耐地采取行动，就中了商家的营销套路。如果你无法抑制购物冲动，那就把这件商品介绍给几位不在现场的朋友，他们会给你至少一个不能掏钱的理由。

关注自身的真实需求。你的目标要来源于自身的真实需求，而不是外界强贴在你身上的标签。如果有人以此批评你，这就是道德绑架。你没必要感到自责内疚，对方未必是为你好，只是不愿意自己的意见被反驳罢了。

不要让自己的人生被别人推着走。当你有了一份稳定的工作，人们会觉得你需要一个家庭；当你有了一座房子，人们认为你还要有一辆车；当你打工做得很出色，人们又认为你该有自己的事业……你并非自己渴望那些东西，而在被环境和他人的意见推着走。问题是，你能停下来辨认自己的真正需求是什么吗？

不要因别人的反对而乱了心神。很多人活在别人的想法中，害怕有人否定自己。如果每做出一件事你都关注别人怎么看、别人怎么想、别人有什么意见，相信我，你的心神已经被扰乱了。

不要着急表态，任何谎言都有破绽。现实中碰到有人忽悠你时，应该怎么办？别着急表态，静静地听着，只要是谎言，就会有破绽。

不要相信单一的信息来源。所有洗脑模式都遵循三部曲：信息控制、行动干预和摧毁人格。其中，信息控制是至关重要的一步，也是前提。所以不要相信单一来源的信息，不要采用被别人筛选过的证据，也不要不加分辨地收集资料。

不要让自己成为"某某迷"。如果你不小心成为什么"迷"，我们丝毫不怀疑，你的心智漏洞已经暴露并且极有可能被利用。